Freedom of Kidult

DRONE

선택정보 · 조종기법 · 공중촬영까지!

날아라 드론 취미편

GoldenBell

감수자의 말

"날아라, 드론 취미편
꼭 읽고 가세요!!"

◆ **취미에서 취업의 영역으로**

1930년대 영국 해군이 사격할 때 연습용 무인항공기에 드론(drone)이라는 명칭을 사용한 것이 시발점이다. 사전적 의미는 '웅웅거리다'는 단조로운 저음이나 '꿀벌의 수벌'을 일컫는다. 이것은, 군사용 무인기로 출발해서 레저, 유통, 방제, 레이싱, 사람을 탑승시킬 수 있는 이동 수단으로까지 발전하는 모습은 가히 상상을 초월한다. 국토교통부는 2016년을 맞으면서 유망산업 영역으로 물품 수송, 해안감시, 시설물 안전진단, 국토조사, 통신망 활용, 촬영·레저, 농업지원 등에 활용되도록 확대 발표했다. 작년에 드론 기체 무게 12kg 이상으로서 신고한 대수는 968대, 드론을 사용한 등록된 사업체 수가 710곳이고 보면 폭발적인 증가 추세를 보인다.

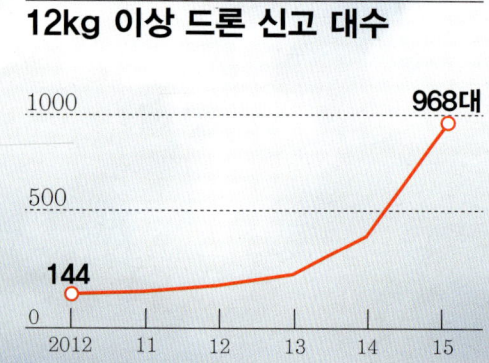

자료: 국토교통부

박장환 / (現) 아세아항공전문학교 무인항공기과 부교수
(現) 아세아 무인항공교육원 원장

1 ▶ 흥미로운 레저로서
모든 레저에는 연령, 성별 등이 대별되지만 드론만큼은 남녀노소 불문이다. 장소 역시 좁은 방에서부터 비행금지구역 외에 어디에서도 날릴 수 있다. 본인이 가설한 트랙을 따라서 수십초 내에...

2 ▶ 농업 지원용으로서
농부가 농약 살포시에는 인체에 악영향을 준다. 물론 넓은 지역에는 이미 소형 헬리콥터를 사용하고 있지만 비용 대비 드론을 이용하는 농가가 늘어나고 있다. 따라서 드론 조종자의 수입도 만만찮다.

3 ▶ 물류 택배용으로서
구글은 드론을 이용하여 2017년까지 상용화하겠다는 의지다. 심지어 택배시 안전하게 안착할 수 있는 용기까지 특허등록을 했다는 것이다. 국내에는 CJ대한통운에서 60km/h 속도로 운송할 수 있는 6kg 드론을 개발하여 시범사업자로 선정되었다. 우정사업본부 역시 도서산간 지역 오지에 드론을 이용한 배송 서비스를 시작할 계획에 있다.

4 ▶ 시설물 안전진단 역할로서
한국전력은 40~50m 높이에 있는 철탑의 절연체나 전봇대 위 전선이 손상된 것을 작업하도록 장시간 사용할 수 있는 대용량 배터리가 장착된 드론을 띄우기 위해 자격증 취득을 독려하고 있다.

5 드론 경기대회로서

드론 레이싱대회는 한 경기에 4~5대 출전한 드론 중 깃대나 아치형 구조물(air gate)등의 장애물을 규정대로 통과해서 결승점에 가장 빨리 도착하는 기체가 승리하는 게임이다. 레이싱용 드론의 무게는 400~800g 쿼드 로터형이 일반적이고 그 보다 무거운 경우 70~80km/h 이상 평균속도가 나오지 않기 때문이다. 드론 조종시에 특수 고글을 쓰면 드론 전면에 장착된 소형 캠에서 고글로 영상이 전송되어 마치 본인이 드론을 타고 있는 느낌이 든다. 기체, 조종기, 고글까지 약 100만원이면 된다. 하지만 마니아들은 모터, 변속기, 전원분배 모드들을 손수 튜닝해서 사용한다.

*국내 레이싱 회원수는 2016년 현재 약 2,000여명이고 총상금 2,000만원 규모 전국대회가 개최된 바 있다. 올해 두바이에서 국제대회가 총상금 100만달러(약 12억)규모의 대회가 개최된다.

◆ 최소 이것만은 알자!!

1 자격증이 있어야 한다

드론의 무게가 12kg 이상 영업용으로 쓰려면 반드시 국토교통부 주관, 교통안전공단이 시행하는 무인비행장치운용자격시험(골든벨 발행)에 합격해야 한다. 운행중 추락하는 원인도 있지만 안전이라는 문제가 대두되기 때문에 미국에서는 5kg 이상으로 적용하고 있다.
자격증없이 농약살포용 드론으로 영업할 경우 300만원 이하 과태료가 발생한다.

드론 조종 국가자격증 취득자 수

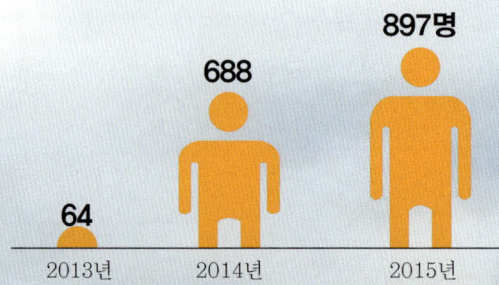

자료: 국토교통부

✕ 감수자의 말

2 날리기 전 지켜야 할 사항은?

항공법상 드론 비행금지구역은 비행장 반경 9.3km이내, 서울강북지역, 휴전선과 원전주변, 고도 150m 이상 등에서 드론을 날릴 경우 200만원 이하의 벌금 또는 과태료 처분을 받는다. 특히 12kg 미만 드론은 비행금지구역 외에서도 비행할 수 있지만 12kg 이상일 경우 사전에 비행허가기간에서 허가를 받아야 가능하다. 단, 농경지 방제용 드론은 예외이다.

◆ 비행허가 주요기관

서울지방항공청(항공운항과)	032-740-2153	관제권 (경기, 강원, 충청, 전북)
부산지방항공청(항공운항과)	051-974-2154	관제권 (경상, 전남)
제주지방항공청(안전운항과)	064-797-1745	관제권 (제주도)
합동참모본부(항공작전과)	02-748-3294	비행금지구역 (휴전선)
합동참모본부(공중종심작전과)	02-748-3435	비행금지구역 (원전 중심)
수도방위사령부(화력과)	02-524-3413	비행금지구역 (서울 강북)
국방부(보안암호정책과)	02-748-2344	항공촬영 허가 문의

*그밖에 군 비행장, 군 부대 개별 연락처는 **국토교통부 홈페이지** 또는 **Ready to fly 어플**을 참조하시기 바랍니다.

3 조종자가 준수할 사항은?
- 비행중 드론을 육안으로 확인할 수 있는 곳
- 스포츠 경기장, 페스티벌 등 군중이 운집한 상공은 비행금지
- 사고나 분실을 막기 위해 기체에 소유자 이름과 연락처 기재
- 야간(일몰부터 일출까지) 비행은 불법으로 간주
- 음주 상태에서 조종금지
- 비행중 낙하물 투하금지

✕ CONTENTS

드론을 제대로 이해하자 / 17

STEP1 대체 드론이 뭘까?
STEP2 드론이 안정적으로 나는 이유
STEP3 드론의 조종원리를 알아두자
STEP4 드론 선택하기
STEP5 드론 구입하기
STEP6 드론 오너의 주의사항
STEP7 비행할 수 없는 장소를 파악해 두자
STEP8 드론의 매너를 지키자
STEP9 문제를 사전에 방지하는 예비지식
STEP10 드론을 날릴 수 있는 장소를 파악해 두자
STEP11 드론 관련된 법률

먼저 실내에서 연습해 보자 / 35

STEP1 초급기종의 특성을 파악하자
STEP2 작동 전 준비
STEP3 조정기 확인
STEP4 전원 넣기
STEP5 기본① 스로틀(상승·하강) 조작
STEP6 기본② 엘리베이터(전진·후진) 조작
STEP7 기본③ 에일러론(우측이동·좌측이동) 조작
STEP8 기본④ 러더(선회) 조작
STEP9 초보 단계를 넘어서기 위한 응용연습

야외에서 드론을 날려보자 / 57

STEP1 야외에서 비행에 도전하자
STEP2 카메라 조작 어플을 깔아놓는다
STEP3 FPV로 항공촬영을 한다
STEP4 복합① 8자 비행연습
STEP5 복합② 노즈 인 조작
STEP6 아크로바트 비행「플립」

프로다운 항공촬영을 즐겨 보자 [상급편] / 77

STEP1 본격적인 조종과 항공촬영을 즐겨보자
STEP2 인스파이어 1 준비하기
STEP3 인스파이어 1의 비행준비 하기
STEP4 본격적인 항공촬영에 있어서의 준비

STEP5 항공촬영 테크닉① 피사체 위를 통과하면서 카메라 돌리기
STEP6 항공촬영 테크닉② 피사체 주변을 선회하면서 상승하기
STEP7 항공촬영 테크닉③ 움직이는 피사체를 후진하면서 정면으로 촬영하기
STEP8 항공촬영 테크닉④ 움직이는 피사체를 추월해 앞으로 빙글 돌아서기
❖❖❖ 항공촬영을 유튜브(YouTube)에 올려보자

수준별 추천 드론 카탈로그 / 113

❖ 초급기종
NINE Eagles의 갤럭시 비지터 8 / KYOSHO EGG의 콰트록스 울트라 / NINE Eagles의 갤럭시 비지터 6
RC Logger의 RC 아이 윈 엑스트림 / G-FORCE의 솔리스트 HD / TEAD의 에일리언-X6
Parrot의 에어본 나이트 / 롤링팬텀 NEXT

❖ 중급기종
DJI의 팬텀 3 어드밴스드 / Nine Eagles의 갤럭시 비지터 7 / Parrot의 비밥 드론
Parrot의 AR.드론 2.0 엘리트 에디션 / Lily Robotics의 릴리 카메라 / Quest의 오토 패스파인더 CX-20

❖ 상급기종
DJI의 인스파이어 1 / 얼라인(히로텍) M690L / 얼라인(히로텍) M480L / 얼라인(히로텍) M470
JR PROPO의 닌자 400MR

비행성능 비교표 / 액션 카메라 카탈로그 / 미니미니 드론 / 조정기를 바꾸어 보자 / 인기 드론 FPV 레이스
드론의 미래 / 드론 Q&A / 드론 용어사전

- 본서에 기재된 내용은 정보 제공만을 목적으로 하고 있습니다. 그러므로 본서를 이용한 운용은 반드시 고객 자신의 책임과 판단에 의해 실행하시기 바랍니다. 따라서 이들 정보의 운용 결과에 대해서 골든벨 및 저자에게는 어떠한 책임도 없음을 밝혀드립니다.
- 본서에 게재된 자료는 2015년 8월 28일 현재의 정보이므로 이용 시 변경되었을 수도 있습니다.
- 소프트웨어는 버전업되는 경우가 있으므로 본서에서 설명한 기능 내용과 화면 그림 등이 다를 수도 있습니다. 또, 웹사이트는 정기적으로 갱신되므로 본서와는 화면이나 기능이 다르거나 주소가 바뀌거나 링크가 해제되었을 수 있으며 제품의 가격도 변경될 수 있습니다.
- 이상의 안내사항에 유념해 주시기 바라며, 또한 본사 또는 감수자 역시 문의사항에 대처하기 어렵다는 점도 사전 양해 바랍니다.
- 본서에 게재된 가격은 특별히 '세금 포함'이라고 기재한 것 외에는 모두 본체 가격(세금 별도)입니다.
- 본문에 기재되어 있는 제품의 명칭은 모두 각사의 상표 또는 등록 상표입니다.

드론에서 보는 풍경
The view from the drone

drone flyers guide

1 발리섬
Bali

1 발리섬
Bali

인스파이어 1(Inspire 1)을 사용해 발리섬 북부를 집중적으로 촬영한 사진들이다. 남부보다 시골스러워서 삼림 등이 많고 인공물(전신주 등)도 적기 때문에 어느 곳을 촬영해도 그림 같다. 공기도 아주 깨끗해서 촬영하기에는 아주 쾌적한 환경이 아닐 수 없다. 인스파이어 1을 처음 해외로 갖고 갔던 것인데, 다른 기종에는 없는 기동력으로 간편하게 운반할 수 있었다.

촬영시기 2015년 4월 ※동영상은 재생환경에 따라 볼 수 있는 화질이 다르다.

동영상(QR) 체크!

【URL】
https://youtu.be/IpfT4kGRoQU

일 때문에 방문했던 하쿠바에서 휴식시간을 이용해 촬영한 것이다. 마침 해빙기 때여서 강물이 매우 깨끗했던 것이 인상에 남아 있다. 별로 시간이 없었기 때문에 한 번 밖에 비행하지 못했지만 만족스러운 동영상을 촬영할 수 있었다.

촬영시기 2015년 5월 ※동영상은 재생환경에 따라 볼 수 있는 화질이 다르다.

동영상(QR) 체크!

【URL】
https://youtu.be/caAtmyxt3fo

DJI Inspire1 Flight at 4K Movie
Music:Black mill-Flesh and Bone

DJI Inspire1 Flight at 4K Movie
Music:Black mill-Flesh and Bone

3 4K 데모 무비

인스파이어 1 구입 후, 처음으로 4K로 데모 영상에 도전했을 때의 동영상이다. 정지물・이동물 등을 촬영하거나 멋진 장면을 모은 것이다. 첫 인스파이어 1 촬영이기도 해서 지금 보면 약간 부자연스러운 면도 볼 수 있지만, 촬영 테크닉 사례 정도로 봐주기 바란다.

촬영시기 2015년 5월

동영상(QR) 체크!

【URL】
https://youtu.be/snKA8-VDhsA

웨이크 보드
wakeboard 4

내가 비행연습을 하는 하천부지에서는 웨이크 보드 연습을 하고 있어서 평소에 자주 촬영을 하는 편이다. 연습하는 친구들과는 페이스북을 통해 연락을 주고받는 사이가 되어 항상 호의적으로 촬영협조를 받고 있다. 이 동영상도 어느 하루의 촬영 자료를 편집한 것으로, 보드는 항상 움직이기 때문에 촬영하기에 좋은 연습 대상이다.

촬영시기 2015년 5월

동영상(QR) 체크!

[URL]
https://youtu.be/WTFOYqjuC2w

Tooru Takahashi

드론은 쉽게 「띄울 수 있는」 무인항공기이긴 하지만 자유자재로 「날리려면」 조종기술이 필요하다.

너무 쉽게 뜨기 때문에 지금까지의 비행용 무선조종기와 달리 서서히 조종을 익혀 나가는 학습과정을 간과하기 쉽다.
학습과정을 통해 모델이나 규칙 등도 익혀나가야 하는 법인데 아무 준비 없이 쉽게 띄우고는 조종불능 상태에 빠져 추락 등을 일으키는 사고도 증가하고 있다.

조종기술은 순식간에 습득되는 것은 아니지만 목표를 갖고 연습하다보면 조종 속도는 쉽게 향상된다.

이 책에서는 앞으로 드론을 시작하려는 분들이 참고로 삼을 수 있도록 알기 쉽게 해설과 연습방법 등을 설명해 볼까한다.
성급히 다루지 말고 천천히 드론에 관해 습득한 다음 안전한 비행을 즐기기 바란다.

高橋 亨(다카하시 도오루)
2000년대 후반 자유자재로 하늘을 나는 RC 헬리콥터의 비행 동영상을 보고 독학으로 RC를 시작한다. 스스로 터득한 연습 방법으로 기술을 닦아 RC대회나 이벤트, 오프라인 미팅 등에 참가하고 있다.
현재는 NPO법인 일본3DX협의회의 대표이사를 역임하는 한편으로 하이테크 멀티플렉스 저팬의 서포트 플라이어로서도 활동하고 있다. 자신이 경영하는 회사에서 드론을 접목해 다양한 항공촬영 업무를 하고 있다.

[드론 경력]
■ 2015년 1월 25일
제1회 Japan Drone Championship 상급자 레벨 우승
■ 2015년 4월 5일
제2회 Japan Drone Championship 상급자 레벨 우승
■ 2015년 6월 4일
EE東北'15 UAV(멀티콥터)대회 일반참가부문 준우승
■ 2015년 8월 1일
DJI EXPO Drone Race 제1레이스 준우승 · 제2레이스 우승
기타, PV, CM항공촬영 영상 다수

STEP 1 드론을 제대로 이해하자

누구라도 쉽게 날릴 수 있는 것이 드론의 매력이다. 그 때문에 지식이나 기술을 익히지 않는 사용자가 늘어나면서 여러 가지 문제가 일어나고 있다. Part1에서는 실제로 기체를 만지기 전에 드론에 관한 지식을 알아보고 비행원리부터 기체 선정방법 나아가 규제나 매너 등을 상세히 살펴보겠다. 올바른 지식으로 안전하고 안심적인 드론을 즐기도록 하자.

STEP 1 대체 드론이 뭘까?

전 세계적인 화제를 모으면서 취미용, 상업용 모두 큰 주목을 받고 있는 드론(Drone)
대체 드론이란 무엇이고? 왜 근래에 관심이 높아졌는지 알아보자.

조작이 간단
복수의 로터를 사용함으로서 헬리콥터보다도 섬세하게 조작할 수 있다.

뛰어난 안정성
다양한 센서를 탑재하고 있어서 더욱 안정적인 비행이 가능하다.

실시간으로 새의 눈을 체험
'FPV(First Person View, 1인칭 시점)기능'이 있으면 실시간으로 카메라 영상을 보면서 비행할 수 있다.

최신기술로 비행을 서포트
「GPS」가 탑재되어 있는 기체는 공중정지(hovering)를 보조하거나 자동조종 등도 가능하다.

카메라 탑재
카메라가 장착된 기체는 손쉽게 항공촬영을 할 수 있다. 카메라는 별매인 경우도 있다.

취미부터 상업용까지 주목을 모으는 새로운 항공용 RC

먼저 '드론'이라고 하면 4개의 회전날개로 하늘을 나는 라디오 컨트롤(이하 RC)을 떠올리는 사람이 많을 것이다. 이것도 드론의 일종이긴 하지만 넓게는 '무인항공기'를 가리키는 말이다(어원은 수컷 벌). 군사목적으로는 예전부터 비행기형 드론이 이용되어 왔지만, 최근에는 일상생활에서도 화물 배송이나 항공촬영 등 비즈니스에 활용하려는 움직임이 있다. 공공 목적으로도 사고나 재해가 일어났을 때 상황파악이나 물자수송 등에 이용하려는 연구가 진행되고 있다.

한편 취미로 하는 RC세계에서는 비행기나 헬리콥터를 '비행물체'로 불러왔는데, 드론도 이것과 동일한 부류이다. 비행물체 가운데서도 복수의 날개를 갖는 헬리콥터형 기체를 '멀티콥터'라고 부른다.

취미용 RC로서 멀티콥터가 보급된 것은 2012년 이후이다. 모바일 기술의 진화 덕분에 센서나 GPS의 소형 범용화가 진행되었고, 그것이 멀티콥터에 탑재됨으로서 어려운 조종기술이 필요한 항공용 RC의 장애물이 낮아진 것이다. 카메라도 소형고해상도로 발전해 항공촬영도 쉬워졌다. 나아가 영상을 무선으로 전송함으로서 스마트폰이나 태블릿으로 보면서 비행하는 'FPV'도 가능하다. 이런 요인들이 기존의 RC팬 이외의 사람들의 흥미를 끌면서 팬 층이 넓어진 것이다.

확산되는 드론의 세계 — Check

드론은 최근 급격하게 진화하고 있다. 실내에서 놀 수 있는 취미용 초소형 기종이 있는가 하면 본격적인 항공촬영을 손쉽게 할 수 있는 기종도 있다. 일반적으로 농약살포, 공간정보측량 등 폭넓은 분야에서의 활약이 기대되고 있다.

드론 연구, 훈련환경 정비도 진행 중이다.

취미용은 손바닥만 한 크기의 미니 드론도 인기이다.

STEP 2 드론이 안정적으로 나는 이유

드론의 안정비행을 가능하게 하는 이유는 4~8개의 복수 로터(회전날개)를 사용하는데 있다. 고도의 조작기술이 필요한 기존 헬리콥터와 비교하면서 그 원리를 살펴보겠다.

드론(쿼드콥터)의 로터 회전방향. 양력을 일으키는 로터는 이웃한 로터와 반대방향으로 회전한다. 이로 인해 반(反)토크를 상쇄함으로서 안정된 비행이 가능한 것이다.

복수의 로터로 기체의 균형을 잡으면서 안정적으로 비행

드론이 뜨는 힘은 기본적으로 헬리콥터와 똑같아서 로터(회전날개)가 발생시키는 양력(揚力)이다. 그러나 일반적인 헬리콥터는 로터가 하나(싱글 로터)이지만 드론은 4개, 6개, 8개 식으로 여러 개의 로터가 달려 있다. 이것이 비행안정성이나 조종성에 큰 차이를 가져온다.

싱글 로터의 경우, 로터가 회전하면 그 반작용으로 기체가 로터와 반대방향으로 돌려고 하는 힘(토크)이 발생한다. 이 때문에 꼬리부분에 테일 로터를 장착해 토크와는 역방향의 힘을 가해 기체 회전을 막아준다. 한편 멀티콥터에서는 이웃한 로터를 역방향으로 회전시킴으로서 토크를 상쇄시킨다. 따라서 테일 로터는 필요 없고, 모든 로터가 수평상태에서 회전해 양력을 일으키는 것이다.

또한 헬리콥터는 로터의 회전면 각도를 바꿔 전후좌우로 이동하지만 드론은 각 로터의 회전수를 조정해 양력 차이로 전후좌우로 이동한다. 따라서 로터의 회전면을 바꾸는 장치가 필요 없어서 심플한 구조를 가지고 있다.

● **헬리콥터의 원리**

메인 로터로 양력을 얻고 테일 로터로 토크를 상쇄함으로서 기수(機首) 방향을 유지한다. 이것을 반토크라고 한다.

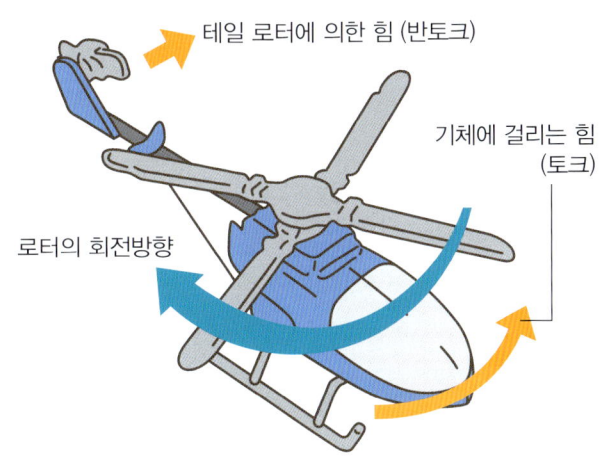

● **드론의 원리**

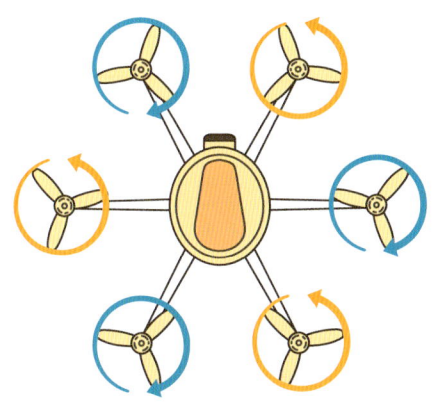
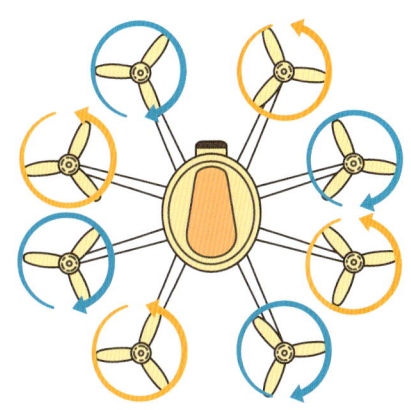

취미용으로는 일반적인 쿼드콥터(4로터) 외에 헥사콥터(6로터), 옥토콥토(8로터) 등이 있는데 전부 다 이웃한 로터는 역방향으로 회전한다.

STEP 3 드론의 조종원리를 알아두자

멀티콥터는 어떻게 자유자재로 날 수 있는 것일까?
복수 로터의 회전속도를 개별적으로 제어함으로서 복잡한 움직임을 가능하게 한다.

로터 회전수로 기체를 자유롭게 조종한다

　기본적으로 드론 조종은 다음 4가지 조작의 조합이다. 「스로틀(Throttle)」은 상승과 하강을 조작하고, 「엘리베이터(Elevator)」는 전진과 후진, 「에일러론(Aileron)」은 좌・우측으로의 평행이동, 「러더(Rudder)」기체의 좌・우 선회를 조작하는 장치이다. 먼저 이 4가지 단어를 기억해 두도록 한다.

　드론은 여러 로터의 회전속도를 제어하는 것만으로 모든 조작을 하게 된다. 스로틀은 모든 로터를 동시에 빠르게 하면 상승하고, 느리게 하면 하강한다. 어느 회전수에서 로터가 일으키는 양력과 기체의 중량이 균형을 이루면, 제자리비행「호버링(Hovering)」이라고 해서, 공중에 뜬 상태에서 정지하게 된다.

　수평이동이나 선회 조작은 로터의 회전속도를 개별적으로 바꾸면 이루어진다. 엘리베이터는 후방 로터를 빨리 돌리면 전진, 전방 로터를 빨리 돌리면 후진한다. 에일러론은 우측 로터를 빨리 돌리면 좌측으로, 좌측 로터를 빨리 돌리면 우측으로 이동한다.

　러더는 각 로터의 반토크를 이용하는데, 대각선상에 있는 우회전 로터를 빨리 돌리면 좌선회, 좌회전 로터를 빨리 돌리면 우선회한다. 이런 조작들을 자유자재로 조합함으로서 헬리콥터나 비행기에서는 어려웠던, 섬세하고 부드러운 움직임이 가능해지는 것이다.

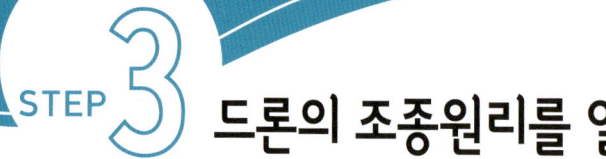

[전진 (엘리베이터)의 원리]

회전속도가 빠른 후방이 올라가고 속도가 낮은 전방이 내려감으로서 기체가 앞으로 기울어지면서 앞으로 나아간다. 전후 회전수를 반대로 하면 후방으로 나아간다.

[우측이동 (에일러론)의 원리]

회전속도가 빠른 좌측이 올라가고 속도가 낮은 우측이 내려감으로서 기체가 옆으로 기울어진 상태에서 기체는 평행하게 우측으로 이동한다. 반대도 마찬가지이다.

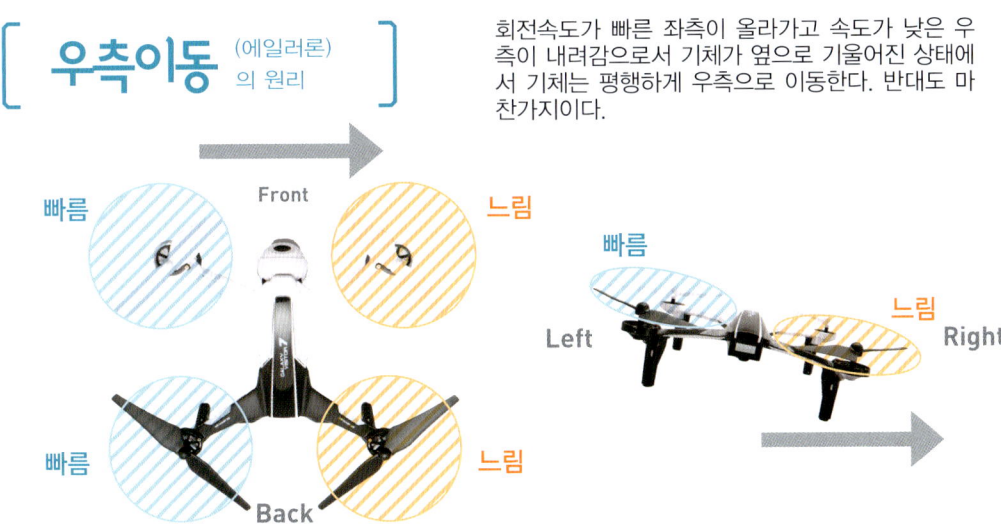

[좌측선회 (러더)의 원리]

오른쪽으로 도는 로터의 회전속도가 왼쪽으로 도는 로터보다 빠르면 기체 전체가 좌측으로 돌아간다. 반대로 좌회전이 우회전보다 빠르면 우측으로 돌아간다.

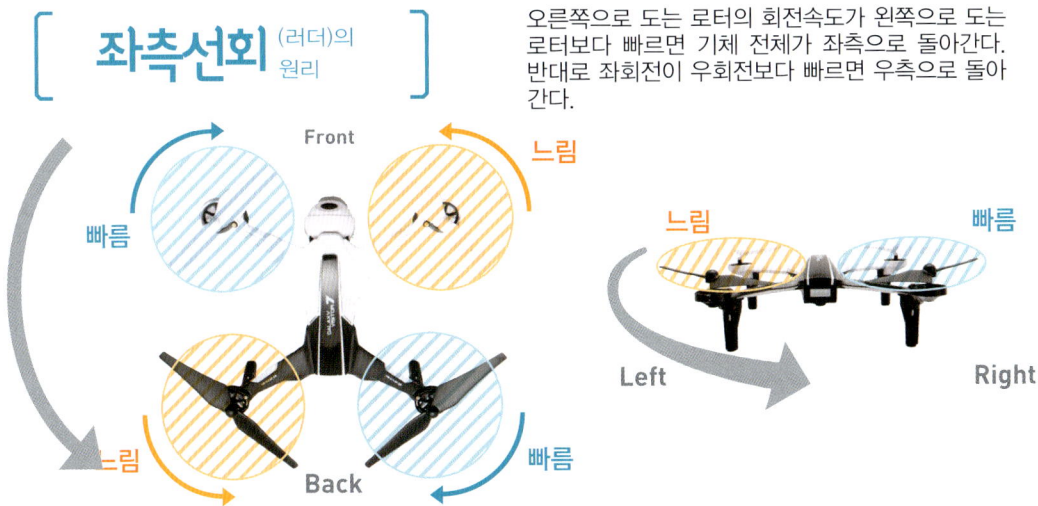

STEP 4 드론 선택하기

큰 맘 먹고 고가의 드론을 샀어도 조종이 제대로 안 되면 망가트리거나 순식간에 잃어버릴 수도 있다. 새로운 취미를 시작하는데 있어서 첫 기종을 선택하는 것은 아주 중요하다.

「바로 띄우는 것」과 「자유자재로 띄우는 것」은 다르다

앞에서도 설명했듯이 RC 헬리콥터를 날려본 사람은 기본적인 조작방법에 대한 지식이 있을 것이다. 반면에 이런 지식 없이 비행용 RC를 처음 접하는 사람이라도 일단 띄울 수 있는 것이 드론이다.

그러나 원래는 조종자가 조정기를 사용해 조종하는 것이 당연하고 그것이 RC의 매력이기도 하다. 차량 운전을 습득하는데도 시간이 걸리듯이 드론도 처음부터 시작해 사고를 일으키지 않는 수준까지 도달하려면 나름대로의 연습이 필요하다. 3차원 공간을 날아다니는 드론은 4가지 조작을 동시에 또한 섬세하게 조합해야 하기 때문에 오히려 요구되는 기술이 더 높다고도 할 수 있다.

그럼 처음으로 입문하는 사람이 살만한 기체로는 어떤 것이 좋을까. 포인트는 「목적」「조작레벨」「예산」 3가지이다. 카메라가 달린 기체는 항공촬영이나 FPV를 즐길 수 있고, GPS가 내장되어 있으면 좌표지시에 따른 비행도 가능하다.

그러나 결국은 조종하는 사람의 조종술에 의해 좌우된다. 차와 똑같아서 초보자는 부딪치고 떨어뜨리면서 망가뜨리곤 하는데, 최악에는 제어불능으로 분실하는 경우도 있다. 그러면 또 사야하는 상황이 발생한다. 아직 연습 레벨 단계라면 싸고 조작성이 좋은 연습용 기체로 연습한 다음 자신이 생겼을 때 상위 기체로 옮겨가는 것이 결과적으로 싸고 오래 즐길 수 있는 길이다.

Point

목적	조작레벨	예산
카메라가 달려 있는지(또는 장착할 수 있는지), FPV 기능은 있는지, 실내에서도 띄울 수 있는지 등, 사용 환경을 상상해 본다.	드론의 조작방법은 기본적으로 모두 동일하다. RC 경험이 없는 초보자는 익숙해질 때까지 저렴한 제품으로 시작하는 것이 좋다.	고가의 기체를 충분히 즐기기 위해서라도 처음에는 연습용 기체나 시뮬레이터(74p 참조)로 조작연습을 해볼 것을 권장한다.

▶ 수준별 대표적인 기체

초급용

먼저 저렴한 기체로 드론에 익숙해지는 것부터 시작하도록 한다. 실내에서 가볍게 띄울 수 있는 소형 타입도 괜찮다.

GALAXY VISITOR 8

발군의 안정성을 자랑하는 입문기종. 가볍기 때문에 떨어뜨려도 잘 망가지지 않는다는 점도 장점.

중급용

카메라를 장착해 본격적으로 항공촬영을 할 수 있거나 곡예적인 비행이 가능하다면 선택폭이 넓은 것이 중급용 기체이다. 3~4 십만 원대부터 1백만 원대에서 충실한 기능을 즐길 수 있다.

RC EYE One Xtreme

소형 드론 중에서 최고의 기동성을 자랑하는 만능 제품. 액션 캠을 탑재할 수 있는 등, 커스텀도 가능.

Phantom 3

하이클래스 항공촬영을 일반인도 가능하게 해주는 인기 기종.

상급용

프로 뺨치는 아름다운 항공촬영을 하고 싶은 상급자용으로, 가격대는 3~5백만 원대가 많다.

INSPIRE 1

아름다운 항공촬영을 즐길 수 있는 기체. 올인원이기 때문에 종합적으로는 가성비가 뛰어남.

STEP 5 드론 구입하기

자신의 실력 목적에 맞춰 사고 싶은 기종을 정했으면 드디어 기체를 구입하면 된다.
새롭게 등장한 취미 분야이기 때문에 아직 구입할 수 있는 가게나 장소가 한정되어 있다.

▶ 주요 판매처

모형전문점	온라인샵	가전양판점	해외직구
RC 지식이 풍부한 점원이 있는 전문점이라면 안심. 근래에는 감소 경향에 있다.	언제 어디서든 구입 가능. 상품이 정품인지 아닌지에 주의하도록 한다.	근래의 붐에 발맞춰 드론을 판매하는 점포도 늘어나고 있지만 전문 스태프가 다 있는 것은 아니다.	인터넷 직구가 대중화되면서 해외에서 드론을 직구할 수도 있다. 이때 A/S는 불가하다는 것을 감안해야 한다.

애프터서비스를 확인

　RC 같은 경우 전에는 모형점이 중심이었다. 그러나 근래에는 인터넷 온라인을 통해 구입하는 사람이 증가하는 한편 가전양판점에서도 드론을 취급하게 되었다. 손쉽게 가격을 비교하고 편리해진 반면에 단점도 있다. 통신판매나 가전양판점에서는 전문지식을 가진 스태프와의 상담이 충분하지 않을 수 있기 때문에 만약 고장이나 트러블이 생겨도 자신이 해결해야 한다는 것이다. 또한 통신판매에서는 보증이나 서비스를 받을 수 있는 정식 수입품을 구입하는 것이 좋다.

　상급기종 정도 되면 구입 후의 수리나 조종훈련 등과 같은 서비스까지 감안해 생각해야 한다. 메이커에 따라서는 구입자등록을 하면 드론의 애프터서비스나 설명회를 받을 수도 있다.

Point
병행수입품과 해외직구

현재 드론은 해외 메이커가 많아서 통신판매에서는 정식 대리점과는 다른 경로로 수입된 병행수입품도 있다. 이런 경우는 국내 판매 대리점에서 서비스를 받지 못한다. 심지어 세계 최대 드론 메이커인 DJI 조차도 국내 A/S부분에 대해서는 불가하다는 것을 감안하여 구입해야 한다.

STEP 6 드론 오너의 주의사항

간편하고 간단하기 때문에 오히려 드론에는 사고 리스크도 있다.
드론으로 비행을 즐기기 전에 먼저 오너로서 주의해야 할 것이 있다.

드론은 "추락하는 것"임을 인지하고 안전에 가장 주의하면서 행동할 것

하늘을 나는 매력은 그대로 위험과도 직결된

RC 같은 경우 전에는 모형점이 중심이었다. 그러나 근래에는 인터넷 온라인을 통해 구입하는 사람이 증가하는 한편 가전양판점에서도 드론을 취급하게 되었다. 손쉽게 가격을 비교하고 편리해진 반면에 단점도 있다. 통신판매나 가전양판점에서는 전문지식을 가진 스태프와의 상담이 충분하지 않을 수 있기 때문에 만약 고장이나 문제가 생겨도 자신이 해결해야 한다는 것이다. 또한 통신판매에서는 보증이나 서비스를 받을 수 있는 정식 수입품을 구입하는 것이 좋다.

상급기종 정도 되면 구입 후의 수리나 조종훈련 등과 같은 서비스까지 감안해 생각해야 한다. 메이커에 따라서는 구입자등록을 하면 드론의 애프터서비스나 설명회를 받을 수도 있다.

드론 오너의 5대 주의사항

① 타인에게 위해를 주지 않을 것
고속으로 회전하는 로터를 달고 몇 백g~몇 kg인 물체가 고속으로 사람과 부딪힌다면…. 부상을 입거나 최악에는 더 나쁜 일도 일어날 수 있다.

② 주위에 손해를 끼치지 않을 것
항공, 철도, 도로, 전송망, 정부기관 등 중요한 사회 인프라를 맡은 장소에서 비행하다가 업무를 방해했을 경우 손해배상이나 형사처벌을 받을 수도 있다.

③ 타인의 재산이나 권리를 침해하지 않을 것
타인의 사유지에 멋대로 들어가거나 프라이버시를 침해하는 것은 민법상 불법행위에 해당한다.

④ 타인의 사생활을 침해하지 않을 것
삭제버튼 타인의 사생활을 침해할 수 있는 항공촬영 등을 하는 것은 형사상 불법행위에 해당한다.

⑤ 항공촬영 허가를 받을 것
실제적으로 모든 항공촬영은 국방부의 허가를 받아야 한다. 공공시설물이나 군사보안시설을 임의 또는 실수로 촬영하여 유포할 경우 형사상 처벌을 받을 수 있다.

STEP 7 비행할 수 없는 장소를 파악해 두자

입문하는 사람들이 증가하면서 비행장소를 둘러싼 트러블, 사고가 문제시되고 있다. 법률정비가 진행되고 있지만 향후 비행할 수 있는 장소가 더 제한받을 우려도 있다.

띄우는 장소는 가장 신중하게 선택한다.

오너 주의사항을 집약하면 「어디서 날릴 것인가」가 가장 큰 문제이다. 기본적인 조건은 ① 사람이 없는 곳, ② 주의를 탁 트인 곳, ③ 장애물이 없고 충분히 넓은 곳이어야 한다. 사유지라면 가장 좋겠지만 오너들이 증가함에 따라 전용 비행장이나 겨울철의 스키장 등, 민간에서도 날릴 수 있는 장소가 늘어나고 있다. 집 근처에 적당한 장소가 있는지 확인해 두는 것이 좋다(32p 참조).

반대로 대표적인 비행금지 장소를 살펴보겠다. 이 외에도 하천부지 등에서도 지자체가 조례로 금지하는 장소에서는 드론을 띄울 수 없다. 그런 흐름을 주시하면서 항상 최신 정보를 체크해 두는 것이 좋다. 근처에 날릴 수 있는 장소가 없다면 반드시 이동해서라도 안전한 장소에서 날리는 것이 결국은 자신을 위하는 것이다.

중요기관이나 공항 근처

중요기관 주변에서 비행하는 것은 절대로 금물이다. 공항 근처도 마찬가지지만 더불어 강한 전파로 인해 조작이 불능상태가 될 위험성도 있다.

전파장애를 받기 쉬운 장소

전파로 조작하는 드론의 최대 적이라면 전파장애를 받기 쉬운 장소이다. 고압철탑이나 송전선 근처에서는 전파가 혼선되어 조작이 안 되는 경우도 있다. 또한 와이파이 전파가 많은 장소에서도 영향을 받을 우려가 있다.

공원 등과 같이 사람이 많은 장소

접촉이나 추락 가능성을 예상하면 매우 위험하므로 사람이 많은 공원에서는 절대로 띄워서는 안 된다. 현재 공원이나 유원지 등에서는 드론비행이 금지되어 있는데, 각 지자체별로 확인이 필요하다.

선로나 도로 위

추락했을 경우의 리스크를 생각하면 선로 위나 도로 위에서의 비행은 금물이다. 도로에 떨어져 교통을 방해했을 경우는 도로교통법에 저촉하게 된다.

시내

공원과 마찬가지 이유로 보행자에게 추락할 위험성이 첫 번째 이유이기도 하지만 시내에서는 건물 사이로 강한 바람이 불기 때문에 드론을 조작하기 매우 어려운 장소이다. 매너, 안전, 리스크 회피 등 모든 면에서 드론을 띄워서는 안 된다.

비행금지공역

서울도심 P73, 휴전선 지역 P518
고리원전 P61, 월성원전 P62, 한빛원전 P63, 한울원전 P64, 원자력연구소P65

Part 1 드론을 제대로 이해하자

STEP 8 드론의 매너를 지키자

드론을 즐겁에 날리기 위해서는 주위에 대한 배려나 매너도 필요하다.
규제가 갖춰지지 않은 지금이야 말로 오너로서의 도덕심을 갖고 즐기는 것이 중요하다.

카메라가 달린 드론은 사생활 침해 우려가 있다!

　드론을 날릴 때의 주의점으로 안전성과 마찬가지로 중요한 것이「매너」문제이다.
　드론의 매력 가운데 하나가 카메라를 사용한 본격적인 항공촬영. 당연히 날리는 장소에 따라 모르는 사람이 찍히는 경우도 있다. 조작하는 본인은 즐거울지 몰라도 당연히 드론에 카메라에 잡힌 사람은 불쾌감을 느끼게 된다. 또한 주택가 등에서 날리면, 가령 카메라 기능을 사용하지 않더라도「도촬되고 있다」고 느끼는 사람도 있다. 생각해 보면 당연한 것이지만 드론을 날리고 싶은 유혹에 빠져 어느덧 주의에 대한 배려를 잊어버리고 유희로만 즐기는 사람이 많은 것도 현실이다. 드론에 대한 규제가 정비되기 시작한 지금이야 말로 오너 각자가 자제심을 갖는 것이 중요하다. 자신이나 주위 모두 기분 좋게 즐길 수 있도록 배려하도록 하자.

STEP 9 문제를 사전에 방지하는 예비지식

대형사고를 사전에 방지하기 위해 드론 조종자로서 최소한의 상식을 가져야 한다. 자연조건에 대한 판단과 일상적인 기체 정비는 안전한 비행을 위해서도 빠트릴 수 없는 사항이다.

[악천후, 야간에는 날리지 않을 것]

야외에서 날릴 때 주의해야 할 것이 바람이다. 상공은 지상과 달리 강한 바람이 불어 예상 외로 바람에 밀려날 우려가 있다. 풍속 5m가 비행중지의 기준이다. 무리하게 날리지 않는 것도 용기이다. 방수기능이 없기 때문에 비가 올 때도 안 된다. 기체를 잘 볼 수 없는 야간 비행도 피하도록 한다.

[멀리 날아갔을 경우는 피해를 최소한으로]

바람에 밀렸거나 조작 실수로 드론이 멀리 날아갔을 때 가장 피하고 싶은 것이 전파가 미치지 않아 제어불능(노컨트롤)이 되는 경우이다. 육안으로 기체 방향을 확인하지 못했다면 지상의 안전을 확인한 다음 스로틀을 낮춰 천천히 「추락」시킴으로서 피해를 최소한으로 하는 것이 최선이다.

[기체정비, 전지 관리에 주의]

기체의 안전점검은 소유자의 의무이다. 비행 전에 모터에 이상은 없는지 확인하는 등, 모터의 정비는 꼼꼼하게 하도록 하자. 또한 고에너지 밀도의 리튬폴리머 배터리를 취급할 때는 신중하게 해야 한다. 과충전이나 과방전 파손, 경우에 따라서는 화재를 일으킬 위험도 있으므로 주의하기 바란다.

STEP 10 드론을 날릴 수 있는 장소를 파악해 두자

전국에는 모형 전문 비행장을 비롯해 드론 전용 비행장 등으로 드론 비행이 가능한 장소가 많이 있다. 선택폭을 넓히는 차원에서 파악해 두는 것이 좋다.

가까운 장소에 드론을 날릴만한 장소가 없거나, 혼자서 날리기는 걱정스러운 사람은 모형항공기 비행장도 염두에 두면 좋다. 전국에는 모형 비행기나 헬리콥터 전용 비행장이 있는데 개중에는 드론을 즐길 수 있는 장소도 있는데, 이런 장소에는 오랫동안 모형항공기를 다루어 온 베테랑도 많으므로 규칙이나 기술을 배울 수 있는 좋은 기회가 되기도 한다.

또한 드론산업협회등 관련 협회나 전문 교육원에서 안전한 드론 운용을 위한 국가자격 또는 단기 민간자격 교육을 진행하고 있으니 보다 전문적인 지식을 배우고자 힐 경우에는 교육을 수강하는 것도 방법이겠다.

- 아세아 무인항공 교육원 : http://cafe.naver.com/aseauav
- 한국드론산업협회 : http://kdrone.org/

◆ 수도권 드론 전용장소 : 가양대교 북단, 신정교, 광나루, 별내 IC 인근
　　　　　　　　　　(비행장 문의 : 한국모형항공협회 ☎02-548-1961)

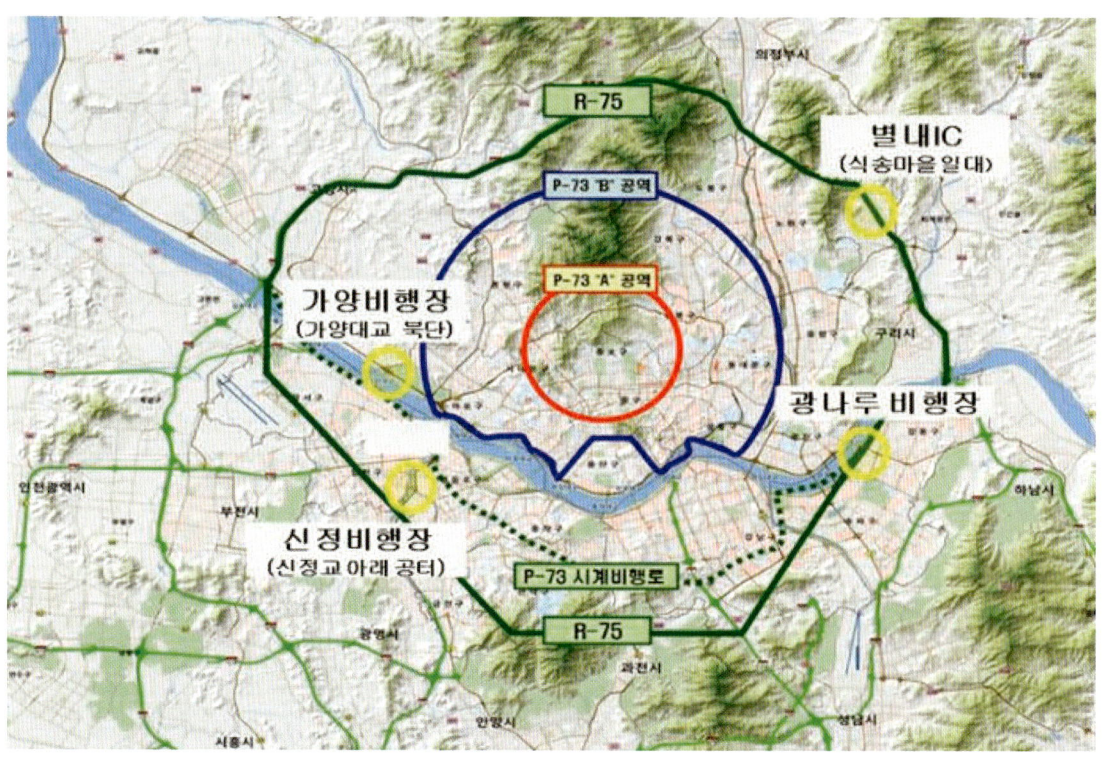

◆ 초경량비행장치로 취미생활을 하고 싶은데 자유롭게 비행 할 만한 공간

시화, 양평 등 경기권을 포함한 전국 각지에 총 18개소의 초경량비행장치 전용공역이 설치되어 자유롭게 비행할 수 있다.

초경량비행장치 비행공역

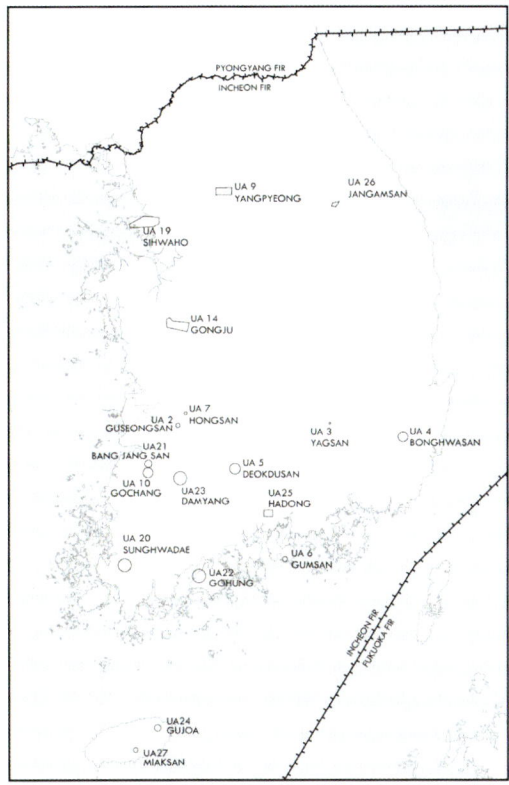

구 분	명 칭	범 위 (SFC~500FT AGL)
UA 2	GUSEONGSAN	354421N 1270027E 반경 1.8km
UA 3	YANGSAN	354421N 1282502E 반경 0.7km
UA 4	BONGHWASAN	353731N 1290532E 반경 4km
UA 5	DEOKDUSAN	352441N 1273157E 반경 4.5km
UA 6	GUMSAN	344411N 1275852E 반경 2.1km
UA 7	HONGSAN	354941N 1270452E 반경 1.2km
UA 9	YANGPYEONG	373010N 1272300E −373010N 1273200E − 372700N 1273200E − 372700N 1272300E
UA 10	GOCHANG	352311N 1264353E 반경 4km
UA 14	GONGJU	363225N 1265614E − 363045N 1265746E − 363002N 1270713E − 362604N 1270553E − 362805N 1265427E − 363141N 1265417E
UA 19	SIHWA	371751N 1264215E − 371724N 1265000E − 371430N 1265000E − 371315N 1264628E −371245N 1264029E −371244N 1263342E −371414N 1263319
UA 20	SUNGHWADAE	354421N 1270027E 반경 1.8km
UA 21	BANGJANGSAN	354421N 1282502E 반경 0.7km
UA 22	GOHUNG	353731N 1290532E 반경 4km
UA 23	DAMYANG	352441N 1273157E 반경 4.5km
UA 24	GUJOA	344411N 1275852E 반경 2.1km
UA 25	HADONG	373010N 1272300E −373010N 1273200E − 372700N 1273200E − 372700N 1272300E
UA 26	JANGAMSAN	373010N 1272300E −373010N 1273200E − 372700N 1273200E − 372700N 1272300E
UA 27	MIAKSAN	352311N 1264353E 반경 4km

초경량비행장치 비행공역을 제외한 모든 공역은 비행제한공역으로 관할 지방항공청에 비행 계획 승인을 받아야함.

초경량비행장치 비행승인 부서 현황
- 서울지방항공청은 지역별로 담당부서 상이
  - 항공안전과(경기 서부) : 화성, 시흥, 부천, 광명, 의왕, 군포, 과천, 수원, 오산, 용인, 평택, 강화, 김포, 고양, 파주
  - 김포항공관리사무소(경기 동부) : 구리, 여주, 이천, 성남, 광주, 용인, 안성, 연천, 포천, 가평, 양평, 동두천, 양주, 의정부, 남양주
  - 청주공항출장소 : 충청도, − 군산공항출장소 : 전라북도
  - 양양공항출장소(영동지역) : 고성, 속초, 양양, 강릉, 동해, 삼척, 태백
  - 원주공항출장소(영서지역) : 철원, 화천, 양구, 인제, 춘천, 홍천, 원주, 횡성, 평창, 영월, 정선
- 부산지방항공청 : 제주도는 제주항공관리사무소(064-797-2238), 그 외 지역(경상도, 전라남도)은 안전운항과(051-974-2154) 담당

33

STEP 11 드론 관련된 법률

불법행위나 조례를 위반하지 않도록 주의하는 것은 물론이고, 그밖에도 드론을 날리는데 있어서 알아두어야 할 법률로는 항공법과 전파법이 있다.

[항공법]

드론은 항공법상 모형항공기에 해당한다. ①공항 주변(공항 규모에 따라서 다르지만) 반경 9km 이내에서의 비행은 금지이다. ②항공기의 항로에 해당하는 장소에서는 고도 제한이 150m, ③항로 이외에서의 고도 제한은 150m이다. 주의하도록 한다.

[제5조]

1. 「항공법」제23조에 따라 초경량비행장치를 이용하여 비행하려는 사람에 대하여 '비행장치 신고', '비행승인', '조종자 증명', '안정성인증', '사용목적의 제한및 보험가입', '사고보고', '조종자 준수사항', '구조 활동 을 위한 장비 구비'등의 의무사항을 규정
2. 「항공법」제172조 및 제182조 ~ 제183조의4에 따라 초경량비행장치의 불법사용 등의 죄 및 과태료 부과기준을 규정
3. 「항공법」시행령 제14조 및 「동법」시행규칙 제16조의2~3, 제65조~제68조2에 따라, 동법에서 정하고 있는 의무사항에 대한 예외사항 등을 규정

[전파법]

모형항공기의 전파는 전파법으로 규정되어 있으며, 국내에서 판매되는 드론은 2.4GHz 주파수대를 사용한다. 전파를 발하는 기기는 미래창조과학부 인가의 등록기관으로부터 「기술기준 적합증명(技適)」을 얻어야 하며, 정식품은 판매 대리점에서 취득하고 있다. 병행수입품으로 기술기준 적합증명을 취득하지 않은 기기를 사용하면 위법에 해당한다. 최근 고성능 카메라가 탑재된 일부 제품의 경우 2.4GHz 대역을 광범위한 대역폭으로 불법적으로 사용함에 따라 타인의 드론 및 타 장비 등의 추락을 유발하고 있다. 이러한 장비의 사용은 제재를 받을 수 있으니 장비 선택 및 사용에 신중할 필요가 있다.

STEP 2 먼저 실내에서 연습해 보자

누구라도 쉽게 날릴 수 있는 것이 드론의 매력이다. 그 때문에 지식이나 기술을 익히지 않는 사용자가 늘어나면서 여러 가지 문제가 일어나고 있다. Part1에서는 실제로 기체를 만지기 전에 드론에 관한 지식을 알아보고 비행원리부터 기체 선정방법 나아가 규제나 매너 등을 상세히 살펴보겠다. 올바른 지식으로 안전하고 안심적인 드론을 즐기도록 하자.

STEP 1 초급기종의 특성을 파악하자

초보자는 튼튼하고 싼 기종을 사용해 드론 조종에 관한 기본을 익혀 나가도록 하자.
이 책에서는 초급용으로 갤럭시 비지터 8을 사용해 조작 연습방법을 소개하겠다.

GALAXY VISITOR 8

- 가격:10만원
- 크기:폭230mm×깊이230mm×높이72mm 무게113g
- 비행시간:약10분
- 배터리:3.7V 700mAh 리튬폴리머
- 전파도달거리:약100m
- 컬러:블랙&화이트, 그린&그레이
- 문의:하이테크 멀티플렉스 저팬
- URL:http://www.hitecrcd.co.jp/products/nineeagles/
  galaxyvisitor8/

❖ 세트는 본체, 조정기, 스페어 로터 1세트(4개)와 배러티 1개, USB충전기 1개. 날리는데 필요한 최소한의 구성이다.

많은 연습이 필요한 초보자에게 안성맞춤인 기종

　소유자가 주의해야 할 사항에 대해 충분히 이해했다면 이젠 실전으로 넘어간다. 실제로 드론을 띄워 조작해 보자. 초보자는 실수로 망가뜨리거나 만일에 분실해도 그나마 부담이 덜 한 연습기부터 시작할 것을 권장한다. 이 책에서 연습기로 사용하는 기종은 하이테크 멀티 플렉스 저팬의「갤럭시 비지터 8」이다.

　카메라는 없지만 가격이 10만원 정도라 나름 부담이 적은 것이 매력이다. 보통 초보자가 1회 충전으로 약 10분간 비행이 가능해 충분한 연습이 가능하고, 어디에 부딪치더라도 스페어 로터가 있어서 안심이다.

　완전 초보자는 이런 기체를 사용해 먼저 실내연습부터 시작하면서 기본적인 조작방법과 감각을 익혀 나가면 된다.

시리즈 기종 중에서는 큰 편이라 드론 위치나 움직임을 쉽게 알 수 있어서 초보자에게 딱 맞는 기종이라 할 수 있다.

STEP 2 | 작동 전 준비

드론을 구입했으면 먼저 상자를 열어 내용물을 확인한다.
그리고 본체 배터리를 충전한다. 드론 배터리는 대개 전용 배터리를 사용하도록 한다.

1 | 배터리 충전하기

소형 드론인 경우는 전지가 아래 사진처럼 리튬폴리머(리튬폴리머) 배터리이다. 줄여서 리포 배터리라고도 부른다. 리튬이온 전지는 소형·고출력이고 폴리머는 가볍게 할 수 있어서 비행용 RC에 사용되고 있다. 파워풀하고 하루에 몇 번이고 충전할 수 있지만 너무 오랜 시간 충전하면 파손될 가능성이 있으므로 주의하도록 한다.

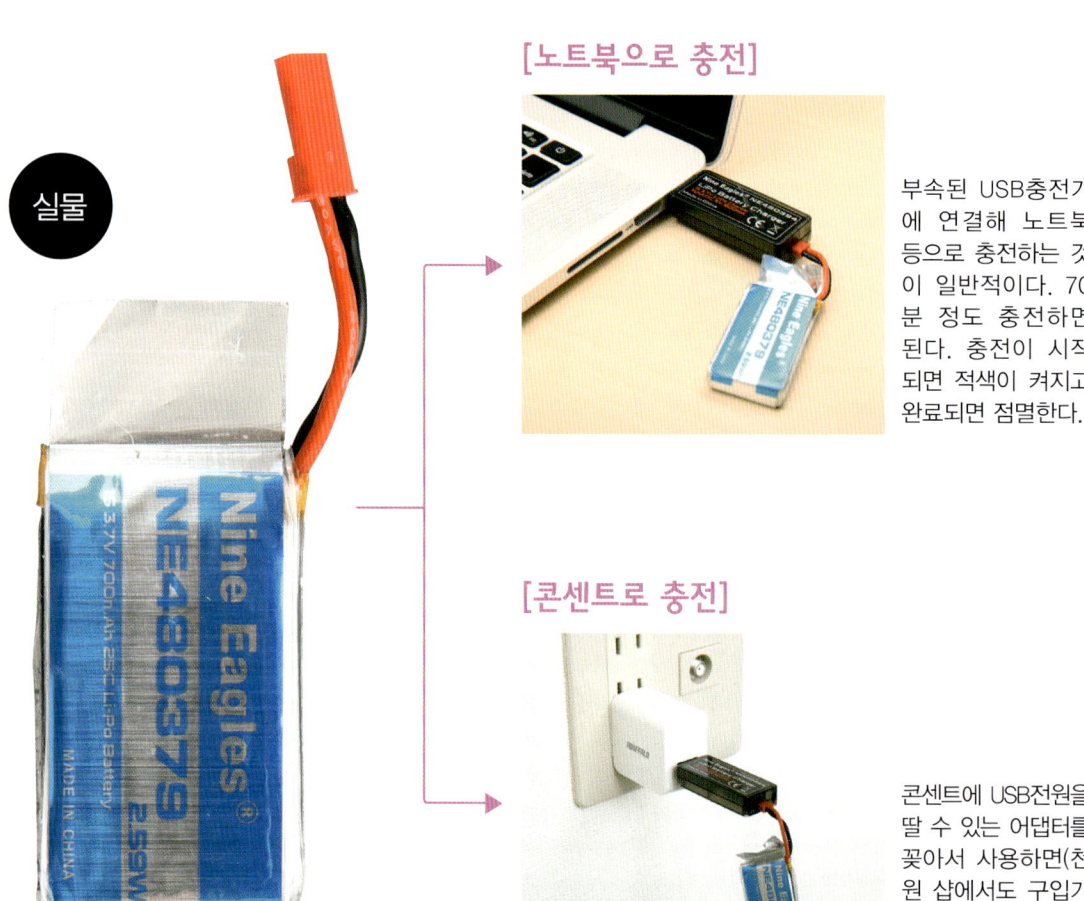

[노트북으로 충전]

부속된 USB충전기에 연결해 노트북 등으로 충전하는 것이 일반적이다. 70분 정도 충전하면 된다. 충전이 시작되면 적색이 켜지고 완료되면 점멸한다.

[콘센트로 충전]

콘센트에 USB전원을 딸 수 있는 어댑터를 꽂아서 사용하면(천원 샵에서도 구입가능) 빠르고 간단하게 충전할 수 있다.

2 | 조정기에 전원을 넣는다

드론을 조작하기 위해서는 본체와 조정기 양쪽에 전력이 필요하다. 조정기는 건전지를 사용하는데, 뒤쪽 뚜껑을 열고 플러스·마이너스 방향에 맞춰 전지를 넣은 다음 다시 뚜껑을 닫으면 된다.

3 | 설명서를 꼼꼼히 읽을 것

준비가 끝났으면 리튬폴리머 배터리 충전이 다 될 때까지 설명서를 꼼꼼히 읽어보자. 간단한 조작방법이나 주의사항 등이 적혀 있으므로 한 번 정도는 읽어 두는 것이 좋다.

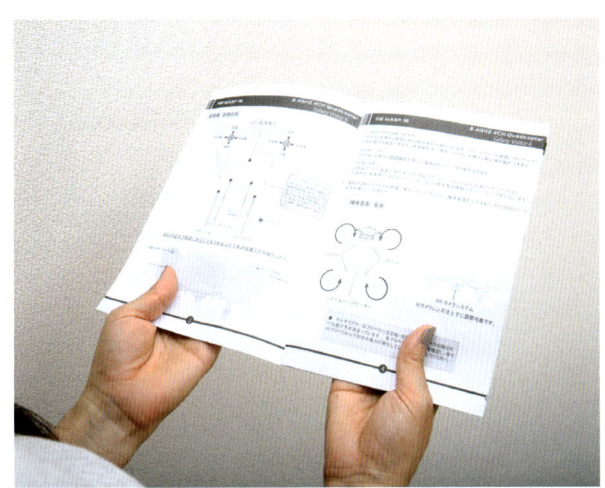

👉 기체에 따라 배터리가 다르다

Check

사진은 전부 드론용 리튬폴리머 배터리이다. 이와 같이 같은 메이커라도 기체에 따라 사용할 수 있는 배터리 종류가 다양하다. 따라서 추가로 배터리를 구입할 때는 주의해야 한다. 한편 여러 배터리를 사용해 연속적으로 비행을 하다보면 모터에 부담이 걸리는 경우도 있다. 처음에는 배터리 1개만 사용하고, 충전 중에는 기체도 쉬게 한다고 생각하는 것이 고장도 적고 오래 사용하는 요령이다.

STEP 3 조정기 확인

실제로 조작하기 전에 조정기의 버튼과 역할을 알아두어야 한다. 기체 고유의 기능도 있지만 어느 드론이라도 기본적인 조작방법 등은 공통이다.

❖ 조정기 모드2의 경우 다음과 같이 설정되어 있다.

플립 버튼
예적인 비행의 「플립(360도 회전)」이 가능한 버튼. 중급편 68p에서 설명.

안테나
조정기에서 드론 본체로 전파를 보내는 안테나. 모양은 기종에 따라 다양하다.

우측스틱
드론의 상승·하강(스로틀), 좌우이동(에일러론) 조작을 한다.

사용하지 않는다.

좌측스틱
드론의 전후이동(엘리베이터), 선회운동(러더) 조작을 한다.

트림
드론의 움직임이 안정되지 않거나 좌우로 움직이는 경우에 사용하는 조절 버튼이다.

전원
조정기의 전원버튼이다. 온 상태에서는 붉은 램프가 점등한다.

1 스틱의 움직임을 확인한다

조정기의 좌우에 있는 스틱은 드론의 움직임을 제어하는 중요한 것이다. 먼저 손으로 잡고 엄지손가락으로 움직여 본다. 움직임이 무디거나 걸리는 느낌은 없는지 등을 체크한다.

2 쥐는 법에 익숙해진다

드론은 섬세한 스틱 조작으로 기체를 제어하기 때문에 항상 스틱 끝에서 손가락을 떼지 말고 붙이고 있어야 한다. 초보자는 특히 손가락을 떼는 경우가 많은데 주의해야 한다.

 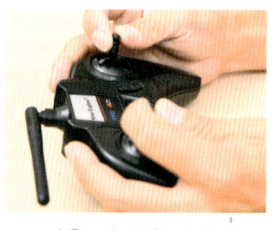

스틱을 엄지와 검지로 쥐듯이 해서 안정시키는 경우도 있다.

[안테나 방향에 대해]

안테나를 옆으로 누이는 이유

그림처럼 조정기 전파는 안테나 가로로 강하고 끝부분에서는 약하게 발신된다. 기본적으로 드론 쪽으로 조정기를 향하게 하면서 조종하기 때문에 안테나를 옆으로 누이는 것이다.

Check

👉 **조정기에는 2개의 모드가 있다**

드론의 조정기에는 우측스틱으로 스로틀을 조작하는 「모드1」과 좌측스틱으로 스로틀을 조작하는 「모드2가 있다. 손쉽게 구입할 수 있는 것은 대개 「모드2」이다.

모드1   모드2

STEP 4 전원 넣기

충전과 조정기 확인이 끝났으면 이제 전원을 넣을 차례이다.
RC의 기본이라고도 할 수 있는 주의점이 있으므로 신중하게 진행하도록 한다.

1 조정기의 전원을 넣는다.

먼저 조정기의 우측스틱을 내린 다음 조정기의 전원을 온시킨다. 조정기의 우측스틱을 내리지 않으면 본체에 전원을 넣었을 때 갑자기 움직일 우려가 있다.

※조정기에 따라서 자동적으로 스틱이 센터로 돌아오는 타입도 있다. 그런 경우는 센터 위치 그대로 두도록 한다.

Check

☞ 위험한 「노콘」이란?

전원을 넣는 순서는 반드시 조정기→본체 순으로 한다. 조정기가 오프인 상태에서 드론 본체를 온시키면 전파 트러블에 의해 기체가 폭주하는 「노 컨트롤」 상태가 될 위험성이 있다. 오프시킬 때는 반대로 본체→조정기 순서로 지키도록 한다.

2 | 본체의 전원을 넣는다

조정기를 온시킨 상태에서 드론 본체의 전원을 온시킨다. 갤럭시 비지터 8의 경우는 전원 스위치가 아니라 배터리와 본체 케이블을 연결하면 바로 온이 된다. 연결 후에는 바로 수평이 되도록 바닥에 내려놓는다.

3 | 몇 초 후에 동기 완료

조정기 근처에 나란히 두고 몇 초 동안 기다리면 조정기와 드론이 서로를 확인한다. 본체의 LED라이트가 번쩍거리고 빛나면 동기(同期)가 완료된 것이다. 이로서 조작이 가능한 상태가 된다.

Check

☞ 작동할 때 수평이 제대로 되었는지 인식시킨다

전원이 들어가면 일단 드론 본체는 수평을 인식한다. 이것은 안정적인 비행을 위해 필수적이다. 처음에 기울어진 상태를 잘못해서 수평하다고 인식하면 비행할 때 똑바로 상승시키려 해도 비스듬하게 날게 된다.

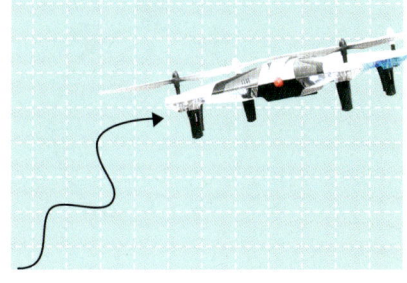

띄우기 전에!

드론을 띄우기 전에 문제 없이 연습하기 위한 주의사항에 대해 알아보겠다. 재미있는 드론으로 사고나 상처 등을 받지 않도록 조심하도록 한다.

1 안전한 공간을 확보한다

초급편은 실내에서의 연습을 상정하고 있다. 일반적인 집 같은 경우 5~6평의 거실이 있으면 선회 등의 연습도 안심하고 할 수 있다. 그런 경우 근처에 유리 등과 같이 깨지기 쉬운 것은 없는지, 부딪쳐서 손상 받을 만한 것은 없는지 등을 확인한다. 아이들이 있는 집인 경우는 위험하다. 다른 방에서 하도록 한다.

체크
- ☑ 충분한 넓이가 된다.
- ☑ 깨지는 물건이나 손상을 받기 쉬운 가구가 없다.
- ☑ 근처에 사람이 없다.

2 연속비행시간에 주의한다

갤럭시 비지터 8의 경우
10分

취미용 드론의 연속비행시간은 5~10분 정도가 일반적이다. 리튬폴리머 배터리는 남은 전력이 없는 상태에서 계속해서 비행하면 「과방전」이 되어 사용하지 못하게 된다. 갤럭시 비지터 시리즈는 남은 전력이 없어지면 본체의 LED라이트가 점멸하기 때문에 이것을 휴식하라는 신호로 삼으면 된다.

3 계속해서 비스듬히 있을 때는 트림을 조정한다

바람이 없는 실내에서 제대로 전원을 켰음에도 불구하고 똑바로 상승하지 않고 비스듬히 뜨는 경우가 있다. 이것은 드론이 인식하고 있는 수평기준이 실제와 어긋나 있다는 증거이다. 조정기 스틱 옆에 있는 트림 버튼을 사용해 이 오차를 조절할 필요가 있다.

4개 버튼은 각각 스로틀, 에일러론, 엘리베이터, 러더에 대응한다. 기체가 멋대로 왼쪽으로 움직이면 우측스틱 아래의 에일러론을 우측으로 1콤마(한 번 누름) 움직이면 우측으로 이동하는 힘이 가해져 왼쪽으로 움직이는 오차를 상쇄한다. 이것을 반복함으로서 스틱 조작을 하지 않아도 어느 정도 안정적으로 호버링이 가능하도록 한다. 정식 루트의 드론은 조절이 끝난 제품이 대부분이지만 자주 작동하는 중에 오차가 생기는 경우가 있다. 잘 아는 사람에게 조정해 달라고 하면 안심이지만 스스로 할 때는 조금 띄운 다음 1콤마씩 움직이는 식으로 신중하게 하도록 한다.

엘리베이터 트림
앞뒤이동의 오차를 조절

스로틀 트림
상승·하강의 오차를 조절
※통상은 사용하지 않는다.

러더 트림
좌우선회의 오차를 조절

에일러론 트림
좌우이동의 오차를 조절

트림 방법
① 기체를 약간 띄운다.
② 기체가 움직이는 방향과 반대의 트림 버튼을 누른다.
③ 착지와 상승을 반복하면서 1콤마씩 조절한다.

STEP 5 기본① 스로틀(상승·하강) 조작

드론의 기본 중의 기본이라 할 수 있는 조작. 스로틀 조정으로 상승, 하강한다.
지면에 놔 둔 상태부터 단계적으로 호버링할 수 있도록 연습하도록 한다.

| 조작 완수 기준 | 상하움직임을 부드럽게 할 수 있다. |

조정자 시선

Point

조정자와 드론의 시선을 맞춘다

반드시 드론은 조종자와 같은 방향을 향하고 있을 것. 항상 드론의 뒷부분이 보이도록 한다. 갤럭시 비지터 8은 로터가 표시이다. 밝은 색이 전방, 어두운 색이 후방이라고 기억해 두면 된다.

1m

1 우측스틱을 위로 밀면 상승(Mode2의 경우 좌측스틱)

먼저 조정기의 우측스틱을 내린 다음 조정기의 전원을 온시킨다. 조정기의 우측스틱을 내리지 않으면 본체에 전원을 넣었을 때 갑자기 움직일 우려가 있다.

2 | 우측스틱을 아래로 당기면 하강

드론이 떴으면 우측스틱을 가만 놔둔 상태에서 이번에는 아래로 당기면 드론이 하강한다. 단번에 상하로 움직이지 않도록 천천히 조작해서 조용하게 착지시키도록 한다.

Point

드론의 로터 전체를 본다

대부분의 경우 실내 연습에서는 드론을 시선보다 아래쪽에서 띄우게 된다. 이때 조종자는 4개의 로터 전체를 내려다보는 식으로 살펴보면 조작하기가 쉽다.

3 | 우측스틱을 조절하면서 이착륙을 익힌다

한 번 더 드론을 띄운 다음에 이번에는 30~40cm 높이까지 상승, 하강시켜 본다.

Check

☞ 이착륙을 확실히 할 수 있도록

이착륙은 비행할 때마다 반드시 반복되는 중요한 조작이다. 조금 상승시킨 다음 천천히 하강시켜 착륙. 이것을 되풀이함으로서 스로틀 조작 감각을 익히면 된다.

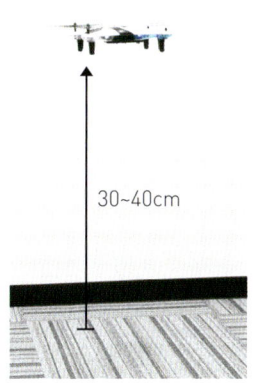

30~40cm

STEP 6 기본② 엘리베이터(전진·후진) 조작

호버링이 가능해졌으면 다음은 드론을 공중에서 앞뒤로 이동시키는 엘리베이터 동작이다. 오른손으로 스로틀 조작을 유지하면서 왼손으로 조작한다.

조작 완수 기준: 목표로 한 거리를 정확하게 이동할 수 있다.

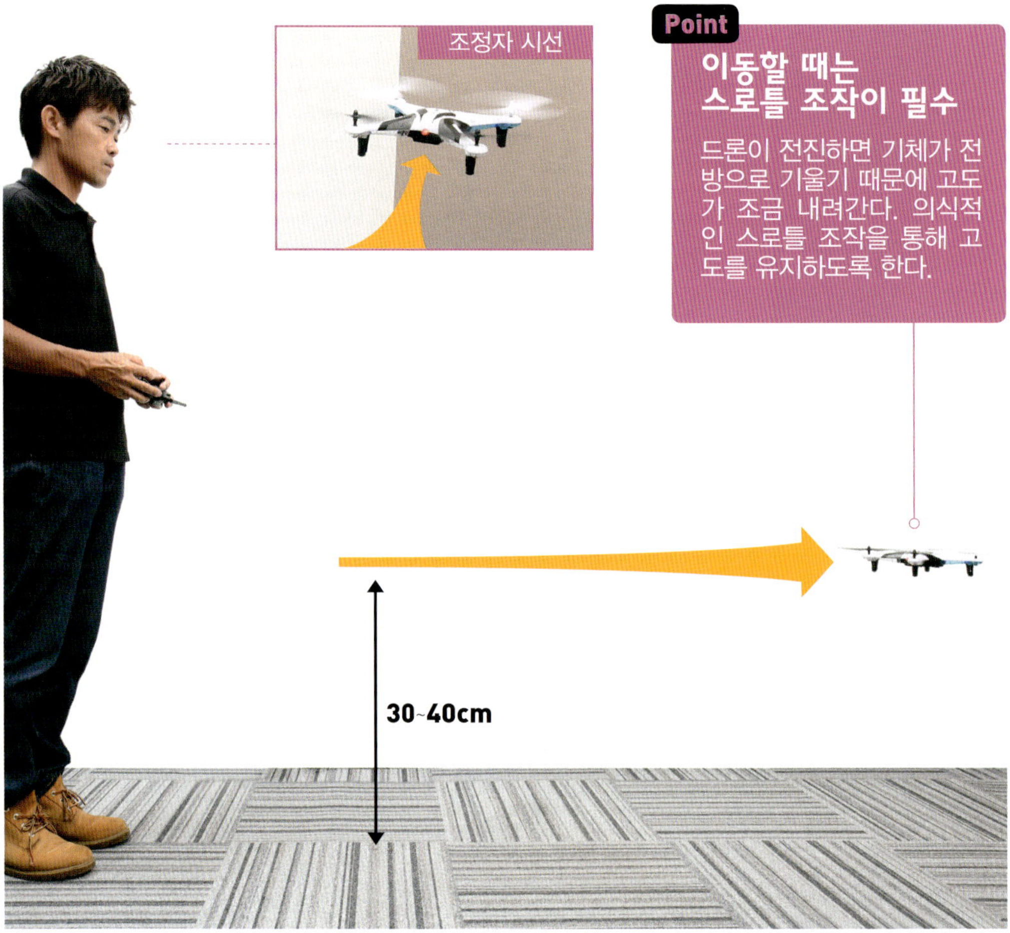

조정자 시선

Point
이동할 때는 스로틀 조작이 필수
드론이 전진하면 기체가 전방으로 기울기 때문에 고도가 조금 내려간다. 의식적인 스로틀 조작을 통해 고도를 유지하도록 한다.

30~40cm

1 좌측스틱을 위로 밀면 전진(Mode2의 경우 우측스틱)

우측스틱으로 스로틀을 조절하면서 30~40cm 높이까지 기체가 상승했으면 좌측스틱을 위로 밀어 드론을 전진시킨다. 조금 전진했으면 좌측스틱을 원상태로 돌리고 스로틀도 아래로 당겨 착지시킨다.

2 | 좌측스틱을 아래로 당기면 후진

Point

오차가 있으면 중지. 손으로 원위치시킨다

엘리베이터 조작 중에 좌우로 오차가 생기면 바로 착륙시킨다. 손으로 원위치 시킨 다음 다시 시도한다.

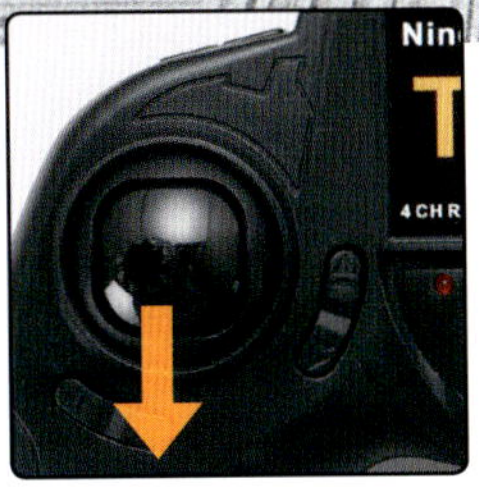

30~40cm

다시 기체를 상승시켰으면 좌측스틱을 아래로 당겨서 드론을 후진시켜 원위치시킨다. 좌측스틱은 앞뒤로만 움직이고 좌우로는 움직이지 않도록 주의한다.

Part 2 먼저 실내에서 연습해 보자

Check

☞ 앞뒤 1m의 반복이동으로 거리감을 익힌다

엘리베이터 조작 연습은 이동하는 거리를 정하는 것이 포인트이다. 상승을 시작한 위치로부터 앞으로 1m, 뒤로 1m 이동을 반복함으로서 스틱을 조작하는 폭의 감각을 익히도록 한다. 익숙해진 다음에는 거리를 2m로 늘려서 연습해 본다.

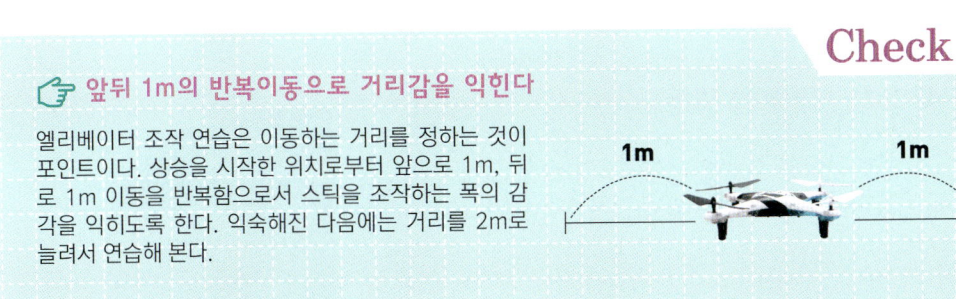

STEP 7 기본③ 에일러론(우측이동・좌측이동) 조작

좌우로 이동하는 에일러론의 연습이다. 좌우로 움직이는 기체를 보아야 하기 때문에 목과 시선을 움직여 지켜봐야 한다. 기본①②③을 합쳐서 원하는 위치에서 호버링해 본다.

| 조작 완수 기준 | 호버링+에일러론 조작 비행을 연속해서 10분간 할 수 있다. |

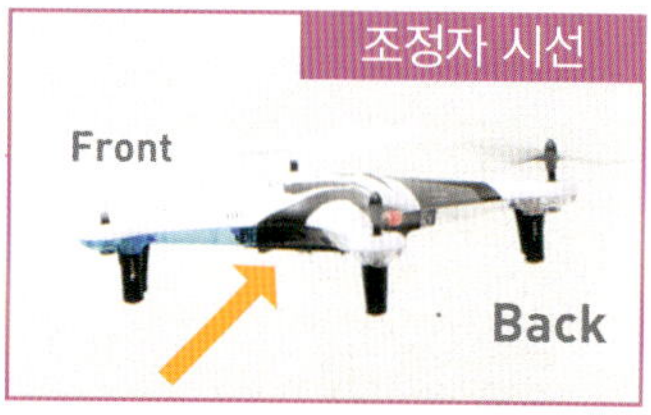

조정자 시선: Front / Back

Point
기체가 기운 상태에 주목
에일러론에서는 기체가 좌우로 비스듬히 이동한다. 스틱의 조작 정도와 드론의 기울기 정도를 익히도록 한다.

30~40cm

1 우측스틱을 오른쪽으로 밀면 오른쪽으로 이동

우측스틱의 스로틀 조작으로 상승한 상태에서 우측스틱을 오른쪽으로 밀면 드론이 오른쪽으로 이동한다. 조종자 입장에서는 드론의 좌측이 보이게 된다.

2 | 우측스틱을 왼쪽으로 밀면 왼쪽으로 이동

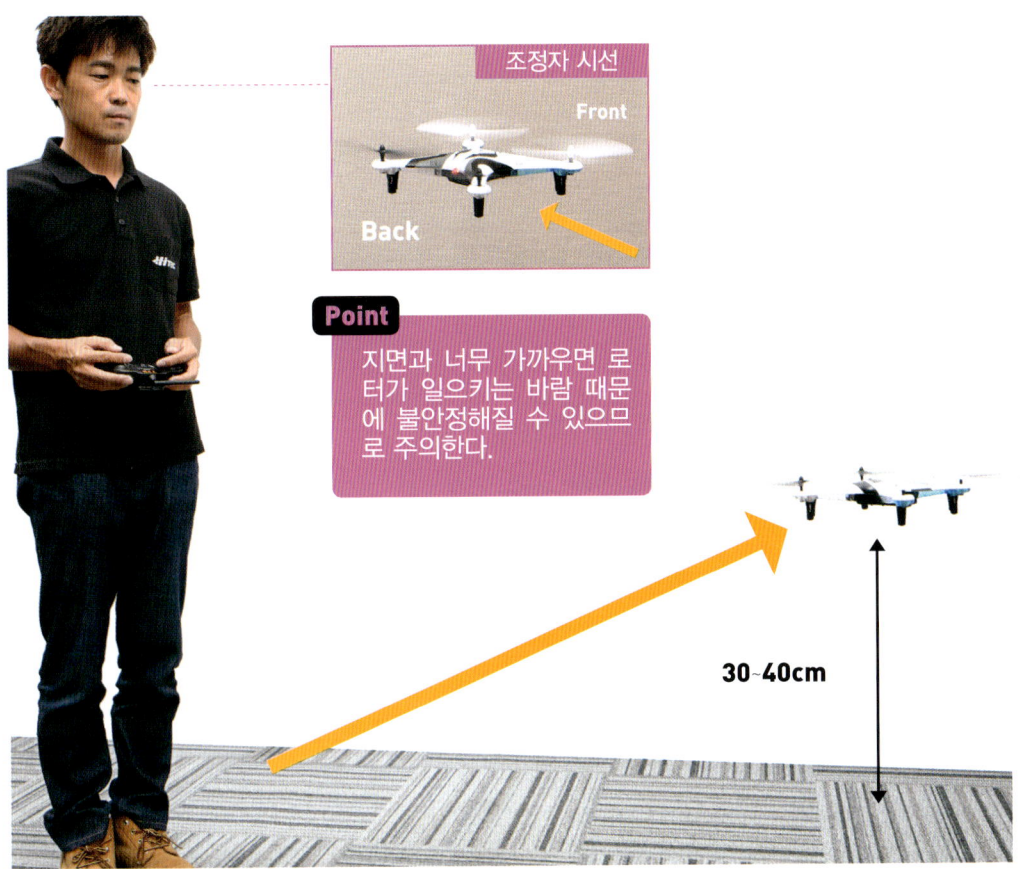

Point
지면과 너무 가까우면 로터가 일으키는 바람 때문에 불안정해질 수 있으므로 주의한다.

30~40cm

1m 정도 우측으로 이동했으면 이번에는 좌측스틱을 왼쪽으로 밀어 드론을 왼쪽으로 이동시킨다. 조종자 입장에서는 드론의 우측이 보이게 된다. 높이와 앞뒤거리를 유지하도록 스로틀과 엘리베이터의 미세조절도 연습해 보도록 한다.

Check

☞ **자유자재로 호버링을 할 수 있도록 연습한다**

스로틀, 엘리베이터, 에일러론 3가지 조작을 미세조절하면 원하는 위치에서 호버링이 가능해진다. 의도한 높이, 거리에서 호버링이 가능해질 때까지 반복적으로 연습하도록 한다.

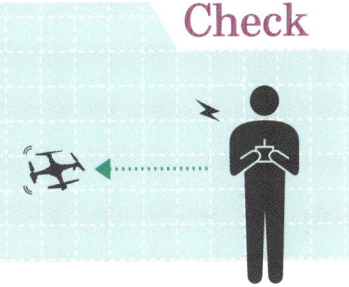

STEP 8 기본④ 러더(선회) 조작

한 가지 동작으로 드론을 움직이는 기본조작의 마지막이 러더이다.
본체 방향이 조종자 방향과 다르기 때문에 지금까지보다 난이도가 높다.

| 조작 완수 기준 | 대면 조작을 포함한 비행을 연속 10분간 할 수 있다. |

Point

기체가 보이는 모습과 방향 감각을 익힌다

정면에서 우측으로 러더를 밀면 기체의 우측면이 보인다. 이것은 좌측으로 에일러론했을 때 보이는 모습과 같은 것으로 조종자의 몸 방향이 다를 뿐이다.

30~40cm

1 좌측스틱을 오른쪽으로 밀면 우측선회

호버링하면서 좌측스틱을 우측으로 밀면 드론이 그 위치에서 우측으로 선회한다. 정면에서 봤을 때 45도까지 회전시킨다.

2 좌측스틱을 왼쪽으로 밀면 좌측선회

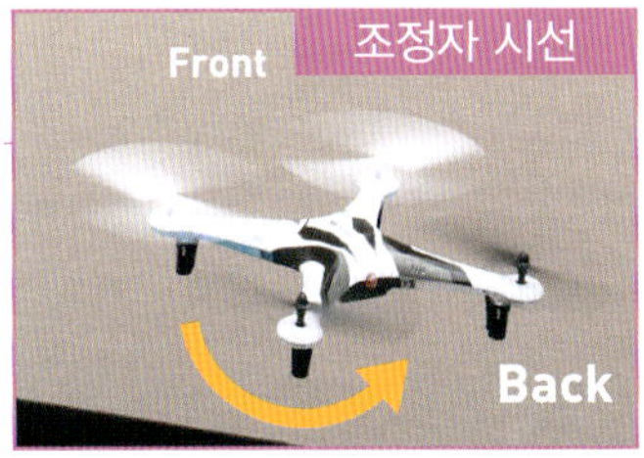

조정자 시선
Front / Back

Point
혼돈되었을 때는 방향을 맞춘다

러더 조작 중에 드론의 방향이 헷갈리는 경우가 있다. 혼란스러울 것 같으면 드론 회전에 맞춰 조정기를 돌리거나 몸 전체를 기수와 같은 방향으로 맞춰주면 쉽게 알 수 있다.

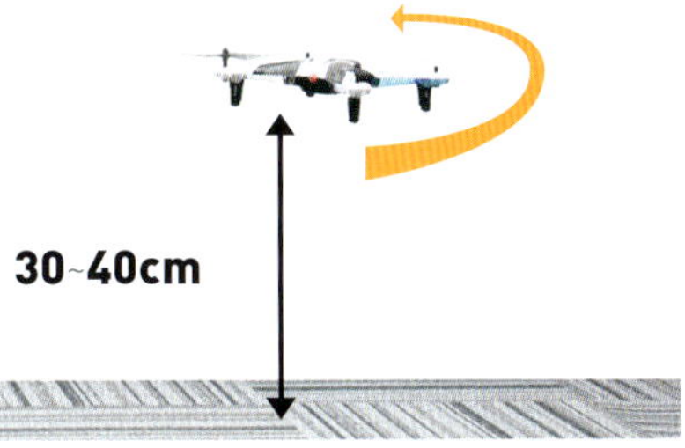

30~40cm

호버링하면서 좌측스틱을 왼쪽으로 밀면 좌측으로 선회한다. 기체 방향을 정면으로 되돌리고 나서 다시 좌측으로 45도 회전시켜 본다.

Check

👉 회전 각도를 넓혀 반복적으로 연습한다

45도가 익숙해졌으면 다음은 90도, 180도로 각도를 넓혀 간다. 다양하게 회전시켰을 때도 기체 방향을 바로 파악할 수 있도록 익숙해지는 것이 좋다.

45도 / 90도 / 180도

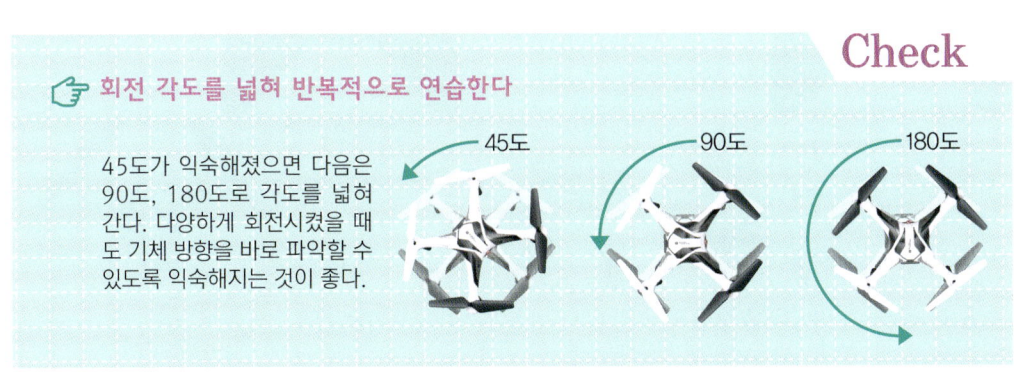

STEP 9 초보 단계를 넘어서기 위한 응용연습

기본조작이 몸에 붙었으면 다음 단계로 넘어간다.
드론과 대면한 상태에서의 조작, 기본조작을 합쳐서 자유자재로 움직이는 연습이다.

1 대면연습

지금까지 익혀온 조작을, 드론을 반대방향으로 해서 조작한다. 즉 드론의 기수를 내 쪽으로 향한 상태에서 엘리베이터(전후), 에일러론(좌우), 러더(선회) 조작을 하는 것이다. 거울 속을 보는 것 같은데, 자신이 움직이고 싶은 방향으로 움직일 수 있도록 몸으로 익히는 것이다. 처음에는 혼란스럽지만 이것이 익숙해지면 드론이 어느 방향을 향하고 있더라도 부드럽게 조작할 수 있게 된다. RC전반에서 이루어지는 연습방법이다.

| 조작 완수 기준 | 대면 호버링을 연속 10분할 수 있다. |

[미러 연습 시의 조작 예]

우측으로 에일러론

우측으로 러더

좌측으로 이동

기수가 왼쪽을 향함

2 | 사각형으로 이동

> **조작 완수 기준**: 상하움직임을 부드럽게 할 수 있다.

스로틀, 엘리베이터, 에일러론, 러더 4가지 조작을 사용해 사각형으로 이동해 본다. 익숙해지면 스피드를 올려 매끄럽게 이동해 본다. 반대방향으로도 똑같이 돌 수 있도록 연습한다.

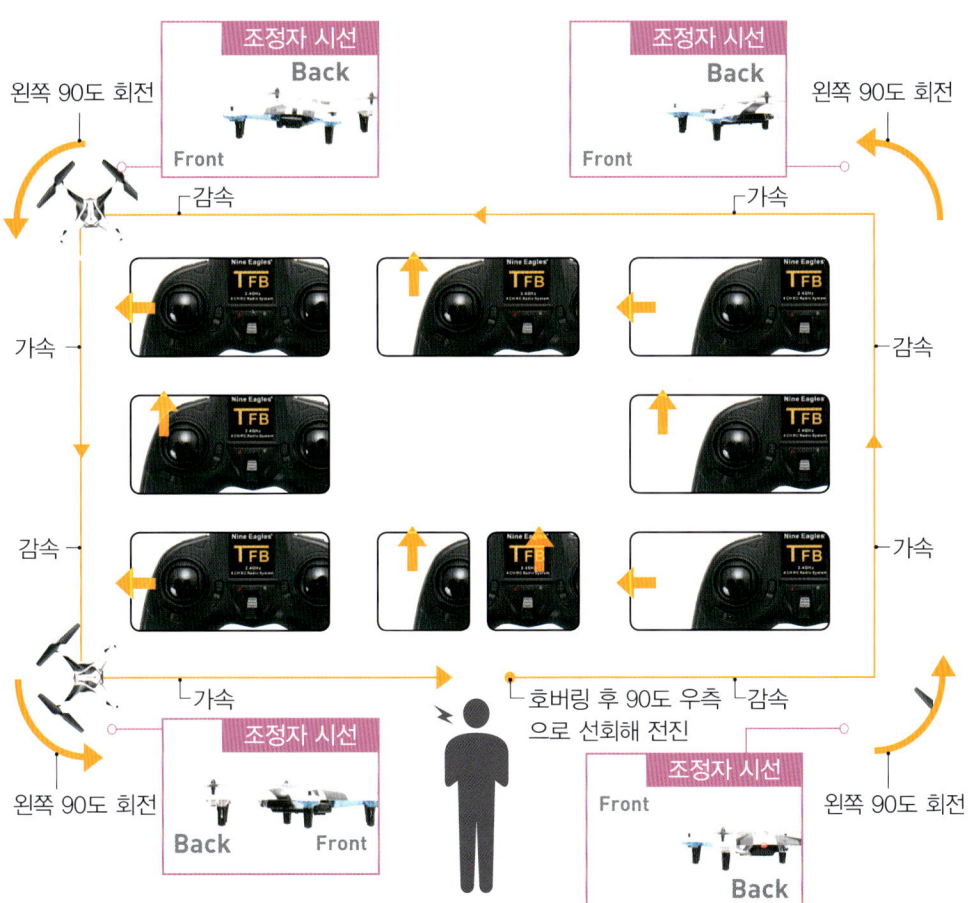

👉 스텝업의 기준은 1회 충전한 만큼만!

각 조작을 마스터했다고 하는 기준은 한 번 충전한 만큼이다. 갤럭시 비지터 8은 10분간 한 번도 지면에 떨어뜨리지 않고 움직이면 OK이다. 짧다고 생각할지 모르지만 높은 집중력이 필요하기 때문에 실질 이상으로 길게 느껴진다.

Check

column

단계로 넘어가기 전에…

안전하게 비행하기 위한
드론의 메인터넌스

1 로터의 손상여부는 수시로 체크

실내에서 비행하면 벽이나 천정, 가구에 부딪치는 경우가 자주 생긴다. 충격으로 로터가 휘거나 구부러지지 않았는지 체크해 손상이 있으면 교환하도록 한다.

2 모터를 깨끗하게 관리

모터의 회전을 전달하는 기어 부분에는 먼지나 머리카락이 들어가기 쉬워서 회전이 나빠지는 원인이 되곤 한다. 정밀 드라이버로 분해할 수 있으므로 정기적으로 이물질을 제거해 준다. 에어 더스터도 효과적이다.

3 전지를 취급할 때는 신중하게

리튬폴리머 배터리는 100% 충전한 상태에서 주위 기온이 올라가면 전지 내의 전압이 상승해 과충전과 똑같은 상태가 되는 경우가 있다. 오랜 시간 사용하지 않을 때는 전지잔량을 70% 정도 남기고 보관하는 것이 좋다. 과충전이나 과방전으로 인해 파손된 리튬폴리머 배터리는 속에서 가스가 발생해 부풀어 오르는 경우가 있는데, 이런 징후가 있으면 사용하지 않도록 한다.

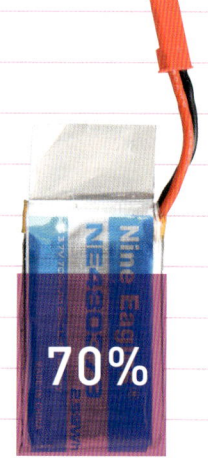

STEP 3 야외에서 드론을 날려보자

중급편에서는 드디어 야외에서 드론을 날리게 된다. 실내연습과의 차이나 주의점을 비롯해 여기서부터는 드론으로 항공촬영을 하기 위한 앱 설정, 촬영방법도 설명하겠다. 비행 테크닉은 Part 2에서 배운 기본적인 조작을 조합한 「복합조작」을 소개한다. 드론을 생각한 대로 움직일 수 있도록 연습해 보자.

STEP 1 야외에서 비행에 도전하자

실내에서의 연습을 통해 어느 정도 자신이 붙었으면 드디어 야외 비행으로 나간다. 자연조건이 개입하기 때문에 훨씬 어렵다. 여기서부터는 카메라가 달린 중급기종으로 이루어진다.

GALAXY VISITOR 8

- 가격:25만원 ■ 크기:폭199mm×깊이199mm×높이54mm(로터 제외) 무게115g
- 카메라:130만화소/1280×720pixel ■ 비행시간:약7분
- 배터리:3.7V 700mAh 리튬폴리머 ■ 전파도달거리:약120m
- 컬러/그린, 블루, 레드 ■ 문의:하이테크 멀티플렉스 저팬
- URL:http://www.hitecrcd.co.jp/products/nineeagles/galaxyvisitor6/

본체와 배터리, 조정기 외에 조정기에 장착하는 스마트폰 홀더와 셰이드, 스페어 로터1세트(4개), USB충전기, 영상기록용 microSD(2GB), microSD 카드 리더도 들어 있어서 바로 항공 촬영을 즐길 수 있다.

[VIDEO/PICTURE ON] 버튼
동영상과 정지화면 촬영을 시작한다. 동영상 촬영 중에 누르면 정지화면을 기록한다.

[VIDEO OFF] 버튼
동영상 촬영을 중지하고 micro SD카드에 저장한다.

항공촬영과 FPV를 시작해 보자

중급편은 야외에서 하는 비행이다. 실내에서 조정을 잘 할 수 있을 만큼 연습했더라도 야외에서는 주변 자연환경의 영향 때문에 비행조건이 시시각각 변화한다.

가장 주의해야 할 것은 바람으로서, 기체가 가벼운 드론은 강풍 앞에서 나뭇잎 같은 존재이다. 순식간에 바람에 날리면서 의도한 대로 조작이 안 된다. 풍속이 5m를 넘으면 비행을 중지해야 하며, 그 미만이더라도 머리칼이 휘날릴 정도의 날씨라면 초보자에게는 위험하다. 처음 비행은 가능한 바람이 없는 날을 골라 하도록 하는 것이 좋다.

야외에서의 비행은 역시 항공촬영을 빼놓을 수 없다. 그래서 중급에서는 카메라가 달린 기종을 골랐다. 2014년에 발매된 갤럭시 비지터 6는 사용자가 많은 정품 드론으로 조작성이나 안전성에서는 인정을 받고 있다. 카메라는 130만 화소로 약간 아쉽기는 하지만 스마트폰이나 태블릿을 연결해 FPV를 할 수 있다는 점이 최대 매력이다. 이 기종을 사용해 야외에서의 연습방법과 동시에 항공촬영이나 FPV 촬영방법도 설명해 보겠다.

Part 3 야외에서 드론을 날려보자

입문기종인 「8」에 비해 약간 스마트한 인상. 작은 보디에 많은 기능을 갖추고 있다.

STEP 2 카메라 조작 어플을 깔아놓는다

캘럭시 비지터 6는 스마트폰이나 태블릿으로 드론에 탑재한 카메라의 영상을 실시간으로 보면서 촬영할 수 있다. 전용 어플리케이션을 내려받은(download) 다음 FPV를 설정한다.

1 어프리케이션을 내려 받는다

항공촬영이나 FPV를 하기 위해 스마트폰 또는 태블릿에 전용 어플인 「NineEagles」를 설치한다. iOS와 안드로이드 모두 설치가 가능하다.

【iOS】

「AppStore」에서 「NineEagles」로 어플을 검색. 사진 속의 아이콘을 선택해 설치한다.

【Android】

상품 설명서에 기재되어 있는 QR코드 또는 URL(http:/www.hitecrcd.co.jp/software/nineeaglesgv6.apk)에 들어가 내려 받는다.

2 Wi-Fi로 본체에 접속한다

조정기, 본체 순서로 전원을 온시킨다. 스마트폰 또는 태블릿의 Wi-Fi설정에서 「NE_NineEagles」를 선택. 설명서에 기재된 초기설정 패스워드를 입력해 접속한다.

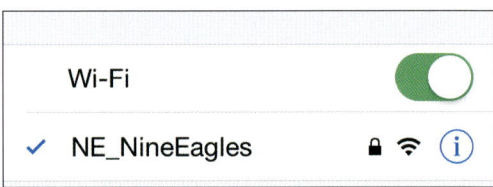

3. 어플을 열고 카메라에 접속한다

「NineEagles」 어플을 실행하면 우측사진 같은 「Camera List」화면이 됩니다. ①[Add] 버튼을 누르면 본체 카메라에 접속하게 된다. ②[FPV스타트] 버튼을 누르면 카메라 영상이 전체화면으로 표시된다.

❶[Add]버튼……카메라에 접속해 리스트에 추가한다.
❷[FPV스타트]버튼……리얼타임 화상을 전체 화면으로 표시한다.
❸[카메라설정]버튼……카메라를 설정한다.
❹[다운로드]버튼……microSD카드에 저장된 동영상을 이 어플로 전송한다.
❺[삭제]버튼…[Add]에서 등록한 카메라를 리스트에서 삭제한다.
❻[픽처]버튼……촬영한 사진이나 동영상을 확인한다.
❼[카메라리스트]버튼……다른 화면에서 이 화면으로 돌아간다.
❽[세팅]버튼……어플의 표시언어 등을 변경할 수 있다.

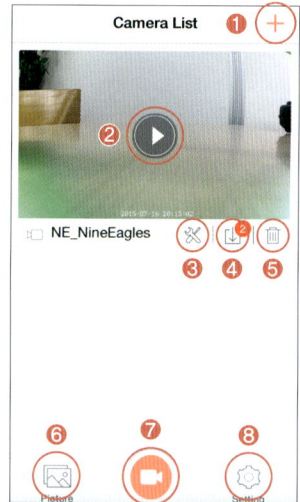

4. FPV화면 보면서 촬영하기

본체의 카메라 영상이 리얼타임으로 볼 수 있는 FPV화면이다. 화면을 누르면 조작 메뉴가 표시된다. 녹화/정지는 조정기 버튼으로도 가능하다.

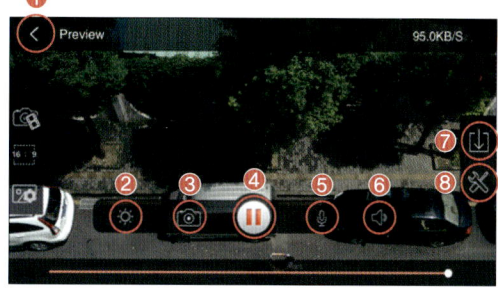

❶[플레이뷰]버튼………「Camera List」화면으로 돌아간다.
❷[백라이트]버튼………백라이트를 조정한다.
❸[픽처]버튼……………정지화상을 촬영한다.
❹[스타트·스톱]버튼……카메라 동영상을 녹화/정지한다.
❺[뮤트]버튼……………촬영할 때의 녹음(스마트폰에서의) 유무를 설정한다.
❻[볼륨]버튼……………동영상을 재생할 때의 음량을 조절한다.
❼[다운로드]버튼………microSD카드에 저장된 동영상을 이 어플로 전송한다.
❽[카메라설정]버튼……카메라를 설정한다.

촬영한 동영상이나 사진은 「Camera List」에서 「픽처」버튼을 눌러서 연 「Picture」화면을 통해 확인할 수 있다.

STEP 3 FPV로 항공촬영을 한다

스마트폰에 어플을 깔고 FPV를 할 수 있게 되었으면 먼저 촬영 테스트를 해본다. 여기서는 항공촬영의 흐름이나 포인트를 소개한다.
촬영데이터를 처리하는 방법도 살펴보겠다.

1 FPV가 가능하게 준비하고 나서 비행한다

부속품인 스마트폰 홀더를 사용해 조정기에 스마트폰이나 태블릿을 장착한다. 홀더는 폭6~8cm 크기에 대응한다. 드론의 카메라와 스마트폰을 접속한 다음 FPV 화면이 나오게 하고나서 드론을 띄운다.

Point

드론은 반드시 육안으로 조작한다

FPV화면을 보는 경우가 많은데 야외에서의 조작이 익숙해질 때까지는 근거리에서 육안으로 날리도록 하자.

2 조정기 버튼으로 동영상을 촬영한다

조정기의 우측 뒤쪽에 있는 [VIDEO/PICTURE ON]버튼을 누르면 동영상 녹화가 시작된다. 조정기의 좌측 뒤쪽에 있는 [VIDEO OFF]버튼을 누르면 녹화가 정지된다. 손에 쥔 상태에서 우측이 온, 좌측이 오프인 것을 기억해 두도록 한다. 스마트폰 FPV화면의 [스타트・스톱]버튼으로도 조작할 수 있다.

VIDEO/PICTURE ON]버튼   [VIDEO OFF]버튼

3 정지화면을 촬영한다

조정기 버튼으로 정지화면을 촬영하는 것은 동영상 촬영 중에만 가능하다. 2의 조작으로 녹화를 시작한 상태에서 한 번 더 [VIDEO/PICTURE ON] 버튼을 누르면 정지화면이 촬영된다. FPV화면의 [PICTURE] 버튼을 사용하면 녹화 중이 아니더라도 정지화면을 촬영할 수 있다.

4 촬영 데이터를 옮겨와 저장한다

촬영한 데이터는 본체의 microSD카드에 저장된다. 이것을 가져오는 방법은 두 가지가 있다. 하나는 Wi-Fi로 전송하는 방법이다. 어플 화면에 있는 [다운로드]버튼을 눌러 어플 내에 저장한다(동시에 스마트폰이나 태블릿의 앨범에도 저장된다). 또 하나는 본체에서 microSD 카드를 뺀 다음 부속된 microSD카드리더를 사용해 컴퓨터의 USB포트에 끼워서 직접 복사하는 방법이다.

Point

동영상 형식에 주의한다

갤럭시 비지터 6로 촬영한 동영상은 「FLV」라고 하는 형식으로 저장되기 때문에 「NineEagles」어플 이외의 환경에서 재생하기 위해서는 전용 어플/소프트가 필요하다. 스마트폰은 Android만 파일관리 소프트로 관리할 수 있다. 동영상 소프트가 많은 컴퓨터에서 재생이나 편집할 것을 권장한다.

Wi-Fi로 스마트폰이나 태블릿에 전송

microSD카드를 부속된 USB카드리더에 넣어 컴퓨터에 복사

Check

👉 카메라와 같은 시선으로 촬영한다

카메라는 기수 쪽을 향하고 있다. 익숙해질 때까지 조종자와 기체가 같은 방향을 보면서 촬영하면 간단하다. 이 기종의 카메라는 수동으로 위아래로 각도를 조절(Tilt)한다. 띄우기 전에 피사체(촬영대상)에 대한 수직 앵글을 감안해 각도를 조정해 두도록 한다.

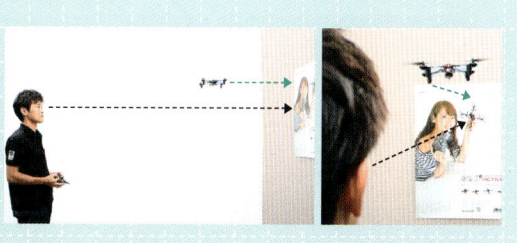

STEP 4 복합① 8자 비행연습

중급편에서는 초급에서 연습한 4가지 조작법을 섞어서 「복합조작」으로 연습해 본다.
야외의 넓은 장소에서 연습하도록 하자.

▶ 조합해서 구사하는 4가지 조작

스로틀 (Mode2의 경우 좌측스틱)

눈높이 정도로 호버링시키고 나서 같은 높이를 유지하도록 미조정한다.

러더

8자가 되도록 좌측선회, 우측선회를 교대로 반복한다.

에일러론

러더와 엘리베이터에 횡이동인 에일러론 조작을 추가함으로서 기체가 안쪽으로 기울면서 포물선을 그리며 선회할 수 있다.

+

엘리베이터 (Mode2의 경우 좌측스틱)

전진하는 속도를 조정한다. 기본은 일정한 속도를 유지하도록 하는 것이다.

1 좌우 왕복운동을 연습한다

조작 완수 기준 연속 **7**분

① 눈높이로 호버링시킨다.
② 러더로 좌측 90도 선회(기수를 왼쪽 방향으로)
③ 엘리베이터를 온, 왼쪽 방향으로 직선이동
④ 엘리베이터를 오프, 러더로 좌측 180도 선회(기수를 우측방향으로)
⑤ 엘리베이터 온에서 오른쪽 방향으로 직선이동
⑥ 엘리베이터 오프, 러더로 우측 180도 선회(기수를 좌측방향으로)
⑦ 엘리베이터 온에서 왼쪽 방향으로 직선이동. 이하 ④ ~ ⑦을 반복

8자 비행 전에 먼저 눈높이에서 횡방향으로 왕복하는 비행을 연습한다. 좌우 끝에서는 일단 엘리베이터 오프로 정지한 다음 러더로 180도 선회해 기수 방향을 바꾸고 엘리베이터로 직선이동을 반복한다. 좌우 끝에서의 선회방향을 바꿔서도 연습해 본다.

Point
조작 기준은 1회 충전만큼
갤럭시 비지터 6가 1회 충전으로 비행할 수 있는 시간은 약 7분. 기술도 어렵기 때문에 7분 동안 실수 없이 연속해서 끝나면 완수한 것이다.

Point
기체 방향을 신속하게 판단한다
야외에서 드론과의 거리가 멀어지면 태양빛 때문에 LED 빛을 파악할 수 없는 경우도 있으므로 기체나 로터 색으로도 기수 방향을 판단할 수 있도록 연습한다.

STEP 4 복합① 8자 비행연습

❶ 엘리베이터 전진만

엘리베이터로 고도가 떨어지지 않도록, 스로틀을 의식

❹ 엘리베이터 전진 + 우러더 + 우 에일러론

2 | 좌우 왕복비행에서 8자 비행으로 옮겨간다

좌우 왕복운동을 하다가 서서히 되돌아 올 때 스피드를 늦추지 말고 선회하도록 한다. 이때는 엘리베이터는 전진 상태로 하고 러더와 동시에 에일러론을 선회하는 방향으로 조작한다. 그러면 기체가 기울면서 포물선을 그리기 때문에 좌우 교대로 완만하게 8자를 그리면서 비행한다. 커브를 돌 때 너무 크게 돌지 말고 똑같은 8자를 그린다는 생각으로 연습하도록 한다.

Point

스로틀은 항상 일정하게

여기서는 3가지 조작만 설명하지만 고도를 유지하는 스로틀은 항상 일정하게 유지해야 한다.

❸ 엘리베이터 전진만

선회를 끝낸 다음에는 일직선으로

궤도에서 벗어나지 않도록 에일러론 조작으로 세밀하게 조절

❷ 엘리베이터 전진 + 좌 러더 + 좌 에일러론

Part 3 야외에서 드론을 날려보자

Check

👉 익숙해지면 더 크게 8자를 그려 나간다

8자 비행연습이 어느 정도 됐으면 비행 궤도를 넓혀 본다. 멀어질수록 기체를 육안으로 파악하기가 어려워진다. 8자 선회방향을 바꿔가면서도 연습한다. 스피드도 조금 더 높여 보도록 한다.

STEP 5 복합② 노즈 인 조작

이어서 항공촬영에서도 자주 응용하는 「노즈 인(Nose in)」이라는 복합 조작법이다.
대상물을 중심으로 항상 안쪽을 보면서 빙빙 도는 고도의 테크닉이다.

▶ 조합해서 구사하는 4가지 조작

스로틀(Mode2의 경우 좌측스틱)

눈높이 정도로 호버링 시키고 나서 같은 높이를 유지하도록 미조정한다.

+

에일러론

좌우이동이 노즈 인의 기본 동작. 스틱은 한 쪽으로 계속 움직인 상태가 된다.

+

러더

에일러론 방향과는 반대방향으로 조작한다. 러더가 걸리는 정도에 따라 원의 크기가 바뀐다.

+

엘리베이터(Mode2의 경우 좌측스틱)

전진 움직임이 아닌 것처럼 생각되지만 항상 원의 중심을 향하는 힘을 주어 원심력을 상쇄시킨다.

1 에일러론으로 좌우로 이동시킨다

조작 완수 기준 | 연속 **7분**

노즈 인의 기본적인 조작은 에일러론이다. 먼저 눈높이로 띄운 다음 횡방향으로 이동시켜 움직임을 확인한다. 에일러론으로 왼쪽으로, 충분히 멀어졌으면 우측으로, 좌우로 평행이동시킨다. 이것은 반경이 무한정인 노즈 인을 하는 상태이다.

Point

비행 루트를 크게 한다

8자 비행과 달리 노즈 인은 큰 궤도를 그리는 것이 간단하다. 주의를 살펴가면서 여유 있는 원을 비행해 보자.

Part 3 야외에서 드론을 날려보자

STEP 5 복합② 노즈 인 조작

2 | 우측 러더와 앞의 엘리베이터를 동시조작한다

조작 완수 기준 연속 **7**분

에일러론으로 왼쪽으로 이동시키면서 우측 러더와 엘리베이터를 같이 조작한다. 스틱 방향은 그림과 같이 된다. 이러면 드론이 중앙을 향해 시계반대 방향으로 회전한다.

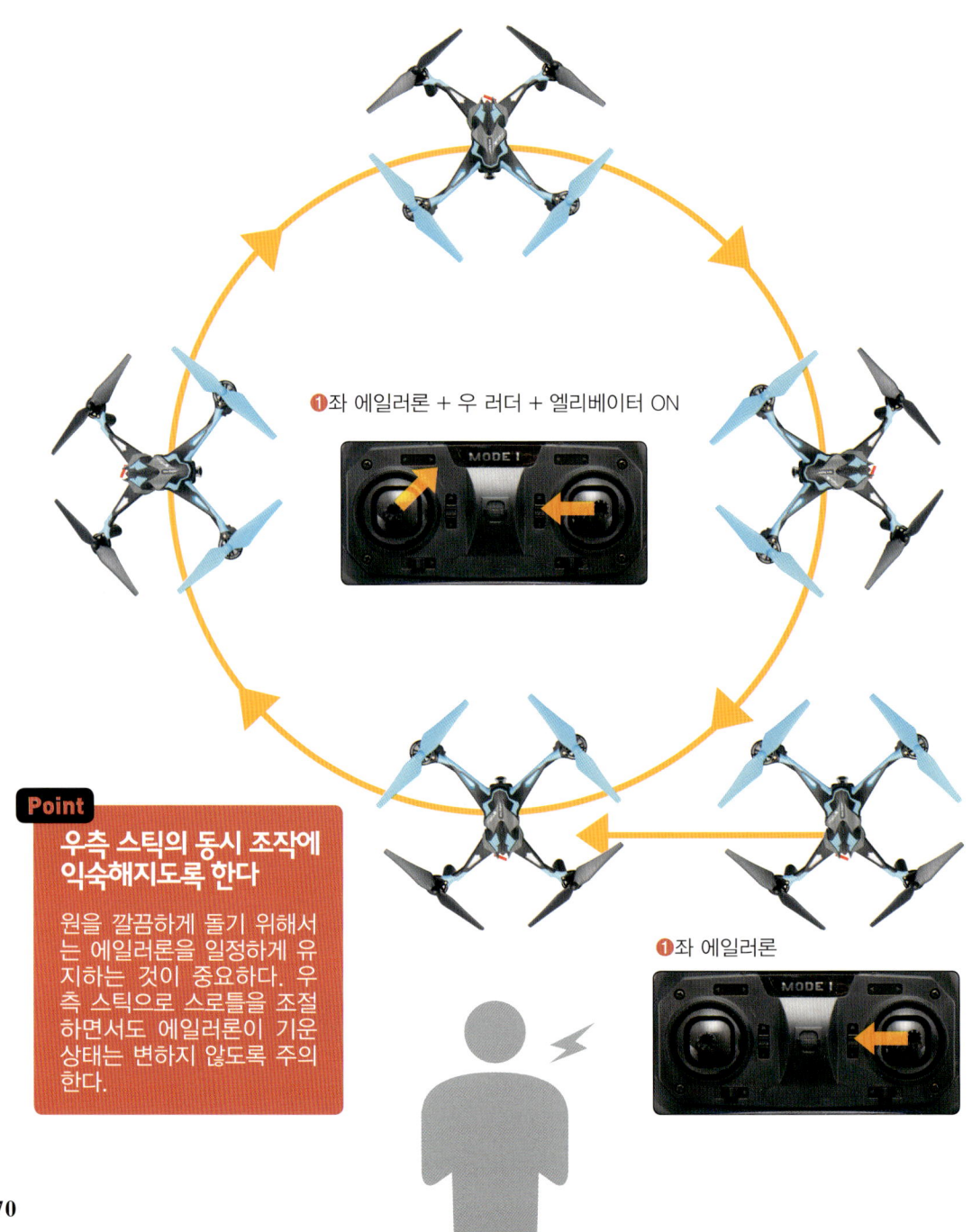

❶좌 에일러론 + 우 러더 + 엘리베이터 ON

❶좌 에일러론

Point
우측 스틱의 동시 조작에 익숙해지도록 한다

원을 깔끔하게 돌기 위해서는 에일러론을 일정하게 유지하는 것이 중요하다. 우측 스틱으로 스로틀을 조절하면서도 에일러론이 기운 상태는 변하지 않도록 주의한다.

3 역회전 노즈 인

조작 완수 기준 **연속 7분**

❷ 우 에일러론 + 좌 러더 + 엘리베이터 ON

❶ 우 에일러론

Part 3 야외에서 드론을 날려보자

👉 스로틀을 같이 조작한다

깔끔하게 원을 그릴 수 있을 만큼 됐으면 스로틀 조작을 같이 해 상승시켜 보자. 나선을 그리며 날게 된다. 항공촬영 때 사용하면 더 드라마틱한 촬영이 된다.

Check

STEP 6 아크로바트 비행「플립」

기종에 따라 다르긴 하지만 갤럭시 비지터 6에는 버튼 하나로 플립(공중회전)하는 기능이 있다. 추락해도 망가지지 않는 장소에서 주의안전도 확인하고 나서 시도해 보자.

1 머리보다 위에서 호버링한다

스로틀로 머리보다 높이 상승시킨 다음 호버링한다. 바람 강도에 따라 다르긴 하지만 4~10m 정도를 기준으로 하면 된다.

2 | [FLIP]버튼+방향조작을 한다

조정기 왼쪽 위에 있는 [FLIP]버튼을 누른 직후에 에일러론이나 엘리베이터 조작을 했던 방향으로 드론 본체가 휙~하고 한 바퀴 돈다. 예를 들면 [FLIP]+전진 엘리베이터 조작 같은 경우는 전방으로 공중회전하고, [FLIP]+에일러론 같으면 측면으로 공중회전하게 된다. 바람이 강하면 그대로 밀려갈 수도 있으므로 주의가 필요하다.

3 | 바닥에 떨어지지 않도록 조작한다

Point
충분한 높이와 넓이를 확보한다
플립은 기체가 한 바퀴 도는 것이기 때문에 일시적으로 불안정해진다. 충분한 넓이와 높이를 확보한 가운데 연습하도록 한다.

플라이트 시뮬레이터로 연습하기

날씨가 나빠서 드론을 띄우기 힘든 날에 컴퓨터로 조종 연습을 할 수 있는 것이 플라이트 시뮬레이터. 드론은 기본적인 조작방법이 같기 때문에 가령 사용하는 시뮬레이터에 갖고 있는 기종이 없더라도 충분히 조작감각을 키울 수 있다.

추천 1 리얼 플라이트 7.5

최신 그래픽 기술로 인해 실제 비행을 자세하게 재현한 정품 RC비행 시뮬레이터이다. 멀티콥터를 비롯해 130종류 이상의 기체를 선택가능하며, 5000평방 마일이라는 거대한 3D 비행장에서 자유로운 비행연습이 가능하다. 게임 감각으로 비행할 수 있는 「멀티레벨 챌린지 기능」도 탑재되어 있다.

DATA
- 가격:29만원 ■ 문의:후타바전자공업
- 내용물:조정기형 USB컨트롤러/리얼 플라이트7.5 DVD
- URL:http://www.rc.futaba.co.jp/

[대응드론]
Explorer 580/Gaui 330X-S Quad Flyer/H4 Quadcopter 520/Heli Max 1SQ/Hexacopter 780/Qctocopter 1000/Quadcopter/Quadcopter X/Tricopter 900/X8 Quadcopter/Tricopter 900/X8 Quadcopter 1260
※2015년 8월말 시점

Point

시뮬레이터와 실기연습을 병행해 테크닉을 향상

시뮬레이터에서는 운전 방법에 따라 어떤 비행이 이루어지는지 확인해 본다. 또한 시뮬레이터와 실제 비행이 차이가 있긴 하지만 시뮬레이터로 가능했던 것을 실제 비행에서 시험해 보면 더 빨리 능숙해지기도 한다.

추천 2 Phoenix R/C 플라이트 시뮬레이터5

누적 판매량 15,000개를 넘는 시뮬레이터. 최신 Ver.5.0에서는 근래의 드론에서 기본사양이 된 GPS를 사용한 자율비행 기능도 재현. 기체에 탄 것 같은 느낌의 FPV로도 비행을 즐길 수 있다는 점도 큰 특징이다. 또한 새로운 기능이나 비행장, 업데이트 패치가 나오면 자동적으로 인식해 무상으로 업데이트가 가능(인터넷 환경 필수). 새로운 버전이 나올 때마다 소프트를 살 필요 없이 항상 최신 버전으로 신속하게 플레이할 수 있다는 것도 매력이다.

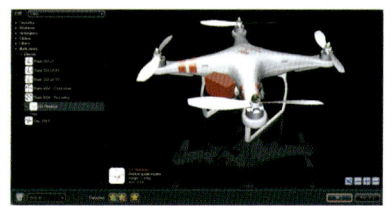

DATA
- 가격:17만원 ■ 문의:TRESREY
- 내용물:USB인터페이스 케이블(JR조정기에 적합)
- URL:http://www.rc.futaba.co.jp/

[대응드론]
Blade 3500QX/Blade MQX/Phantom※1에만 대응/Gaui 330-X
※2015년 8월 시점
※조정기 포함 세트:299,000은 온라인 한정으로 판매

Check

👉 **기종에 따라 전용 시뮬레이터가 있는 것도 있다**

상급편에서 소개할 「인스파이어 1」이나 「팬텀 3」에서 이용하는 무료 전용 어플 「DJI GO」에는 비행훈련용 시뮬레이터 비행 모드가 있다. 실제로 비행할 때와 똑같은 화면을 보면서 연습을 할 수 있다.

column

단계로 넘어가기 전에…

야외비행의 주의점

1 상공의 바람에 주의할 것

야외에서 비행할 때 가장 큰 영향을 끼치는 것이 바람이다. 지상에서는 바람이 없는 것처럼 느껴져도 상공에는 강풍이 부는 경우가 있다. 그러면 상승한 순간에 드론이 떠밀려나가기도 한다. 바람 방향이나 강도에 세심한 주의를 기울여야 한다.

2 행방을 잃어버렸다면…

야외에서 비행하다보면 어쩔 수 없는 것이 드론을 분실하는 경우이다. 만에 하나 보이지 않는 장소에 추락했을 때는 모터가 손상되지 않도록 바로 스로틀을 낮추도록 한다. 찾으면서 근처에 갔다 싶을 때 스로틀을 조금 높이면 로터 소리가 들리기 때문에 쉽게 찾을 수 있다.

STEP 4
프로다운 항공촬영을 즐겨보자
[상급편]

드론 오너라면 누구나가 동경하는 것이 프로 같은 항공촬영이다. 항공촬영 프로도 실제 사용하는 하이스펙 모델로 해설하겠다. 어플 설정이나 작동방법, 조작특성을 이해하도록 한다. 나아가 감동적인 동영상을 촬영하기 위한 실천적인 항공촬영 테크닉에 대해 알아보겠다.

STEP 1 본격적인 조종과 항공촬영을 즐겨보자

드론 가격이 100만원을 넘는 클래스 쯤 되면 취미로 하는 드론으로는 풀 재원이라고 할 수 있는 기능을 갖추고 있다. 프로가 사용할 만한 기체도 있는 등, 아마추어로는 생각되지 않을 만큼 본격적인 항공촬영도 가능하다.

GALAXY VISITOR 8

- 가격:390만원 ■ 크기:폭438mm×깊이451mm×높이301mm 중량2935g
- 카메라:1200만화소/4096×2160pixel(정지화면4000×3000pixel)
- 비행시간:약18분 ■ 배터리:22.8V 5700mAh 리튬폴리머
- 전파도달거리:약200m ■ 문의:세키도
- URL:http://www.sekido-rc.com/?pid=83438061

인스파이어 1은 전용 케이스에 들어 있어서 운반하기에도 편리하다.

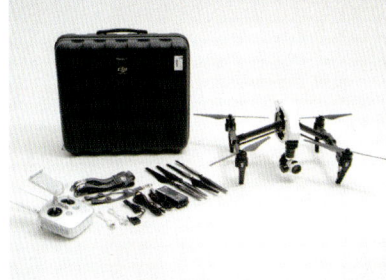

본체와 배터리, 조정기(2파일럿 모델은 2기), 스페어 로터 1세트(4장), 배터리 충전기 외에 뛰어난 항공촬영을 가능하게 하는 짐벌(Gimbal, 카메라 수평유지 장비/38p 참조)과 4K 대응 카메라 등이 세트로 구성되어 있다.

취미 영역을 넘어서는 하이스펙 머신

중급 수준까지의 조종연습을 충분히 했다면 상급기종(취미 드론치고는 100만원 초과의 고가 기종)으로 옮겨가도록 한다. 본격적인 재미를 맛 볼 수 있다.

상급기종의 우월성으로는 고강도의 안정된 기체, 조작성이 좋은 조정기, 최고속·가속·적재중량이 향상된 고출력 모터, 오랫동안 비행할 수 있는 배터리 용량, 비행거리·고도가 길어지는 전파도달거리, 리모트로 조작할 수 있는 고화질 카메라, 떨림 없는 고정밀도의 짐벌, 촬영을 방해하지 않는 수납다리, 자율비행이 가능한 GPS 기능 등을 들 수 있다. 육안으로 비행이 어려운 상황도 있기 때문에 FPV 비행을 할 수 있을 만큼의 조작 기술을 갖고 있어야 한다는 것이 전제이다.

상급편에서 사용할 인스파이어 1은 팬텀 시리즈로 인기를 끌고 있는 DJI사의 최고기종이다. 현시점에서 드론에 요구되는 모든 기능을 훌륭히 갖추고 있어서 프로급에서도 활약하고 있다. 이번에 감수를 맡아 준 다카하시씨는 2대를 사용 중인데 가격은 비싸지만 본격적인 취미로 계속하고 싶다면 전체적으로는 오히려 득이라고 추천하는 기종이다.

【이륙 모습】

【비행 모습】

인스파이어 1은 상승하면 자동적으로 암이 올라가가면서 비행자세로 돌입. 이런 자세는 카메라에 로터나 암이 찍히지 않고 항공촬영을 가능하게 해준다.

STEP 2 인스파이어 1 준비하기

인스파이어 1의 비행준비를 한다. 중급기종인 갤럭시 비지터 6와의 차이나 띄우기 까지 필요한 순서를 꼼꼼히 익히도록 한다.

1 | 컨트롤러를 확인한다

조정기에 대한 기본조작은 모드1의 경우 공통이다. 인스파이어 1 같은 경우는 카메라 조작 버튼, 특수한 조작 버튼을 확인해 두도록 한다.

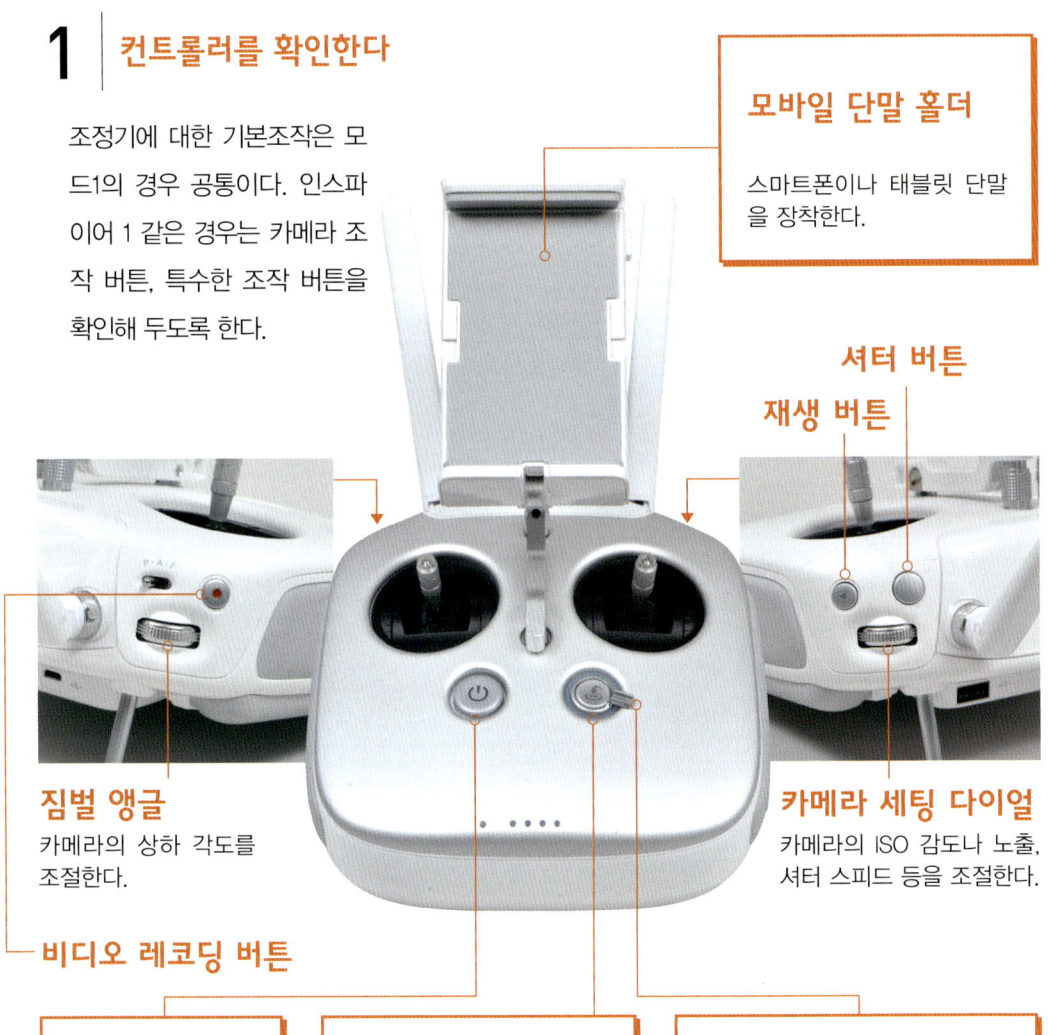

모바일 단말 홀더
스마트폰이나 태블릿 단말을 장착한다.

셔터 버튼

재생 버튼

카메라 세팅 다이얼
카메라의 ISO 감도나 노출, 셔터 스피드 등을 조절한다.

짐벌 앵글
카메라의 상하 각도를 조절한다.

비디오 레코딩 버튼

전원 버튼
조정기의 전원을 ON/OFF시킨다.

리턴 투 홈 버튼
GPS기능을 이용해 자동으로 갱신되는 비행의 기준값인 「홈 포인트」까지 자동적으로 귀환한다.

운반모드 스위치
비행이나 운반 모드로 전환하는 스위치이다.

2 어플리케이션을 내려받는다

인스파이어 1을 작동하기 전에 먼저 「DJI GO」를 내려받아 설치할 필요가 있다. 어플은 iOS 8.0 이후, Android 4.1 이후에 대응한다.

3 어플의 조작화면을 확인한다

「DJI GO」어플에서는 배터리 잔량이나 GPS 강도, 맵 등 비행 중에 필요한 요소가 한 화면에 다 표시된다.

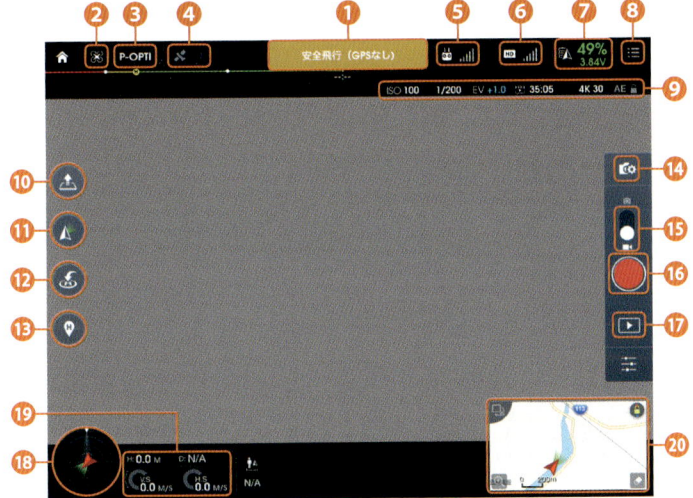

❶ 시스템 상황: GPS 신호상황 등을 표시. 누르면 [기체의 현재상황 일람](78p)이 표시된다.
❷ MC패러미터 설정: 누르면 MC패러미터 설정화면(78p)이 표시된다.
❸ 프라이트 모드: 설정되어 있는 모드가 표시된다.
❹ GPS강도: GPS 수준을 표시한다.
❺ 조정기 신호: 조정기 신호의 강도를 나타낸다. 누르면 조정기 설정화면(78p)이 표시된다.
❻ 영상전송신호: HD비디오를 전송하는 강도를 나타낸다. 누르면 영상전송 설정화면이 표시된다.
❼ 배터리 잔량: 배터리 잔량을 표시한다. 누르면 상세한 정보가 표시된다.
❽ 일반설정: 누르면 어플의 설정화면이 표시된다.
❾ 카메라의 설정상황: 설정되어 있는 카메라의 현재상태가 표시된다.
❿ 자동이륙/자동착륙 버튼: 이륙할 때 누르면 자동으로 1.2m까지 상승한다. 비행할 때 누르면 자동으로 착륙한다.
⓫ 카메라/짐벌모드 버튼: 카메라와 짐벌의 움직임을 설정한다.
⓬ 리턴 투 홈 버튼: 누르면 조정기가 있는 장소까지 자동으로 날아온다.
⓭ 홈 포인트 설정 버튼: 조정기 홈 포인트를 설정한다.
⓮ 카메라 설정 버튼
⓯ 비디오/카메라 버튼(86p)
⓰ 녹화/셔터 버튼(86p)
⓱ 프리뷰 버튼: 누르면 촬영한 동영상, 정지화면을 볼 수 있다.
⓲ 마그네틱 콤파스: 기체 방향을 표시한다.
⓳ 플라이트 텔레미트리: 기체의 위치를 표시한다.
⓴ 맵: 주변 맵과 기체·위치를 표시한다. 누르면 카메라 화면과 맵 화면이 바뀐다.

STEP 2 인스파이어 1 준비하기

4 기체 상황을 확인한다

[시스템상황] 버튼(77p)을 누르면 기체의 상황을 확인할 수 있다. 펌웨어의 갱신, 비행 모드, 마그네틱 콤파스 캘리브레이션(83p), 조정기 모드(1/2), 기체의 배터리 잔량 등이다. 가장 위에 표시되는 펌웨어는 자주 갱신되기 때문에 가끔 최신 것으로 업데이트하도록 하자.

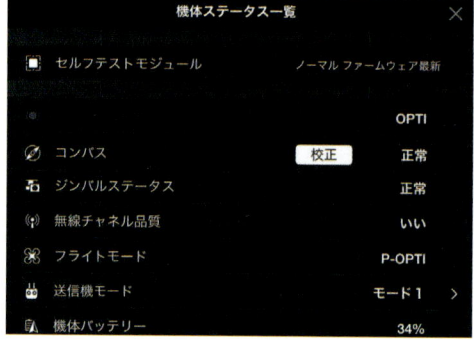

5 기본설정 하기

기본화면 우측 상단의 [일반설정] 버튼(77p)을 누르거나 화면 상단의 여러 아이콘을 눌러 어플을 기본설정한다. 여기서는 처음으로 가장 먼저 해야 할 4가지 설정을 소개하겠다.

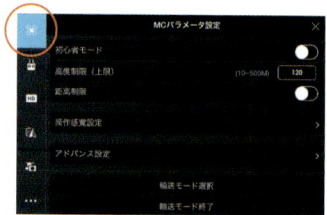

MC패러미터 설정
드론의 고도・거리 제한 등과 같은 비행조건을 설정한다. 처음에는 고도・거리를 30m로 하고 GPS환경에서만 비행할 수 있게 하는 「초보자 모드」를 권장한다. 익숙해지고 나서 더 폭넓게 설정하면 된다.

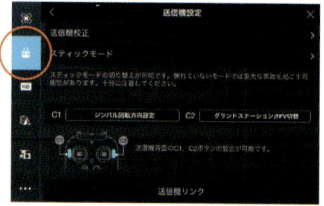

조정기 설정
조정기 모드1/모드2의 전환이나 스틱 조작 감도 등, 조작에 관한 설정을 한다.

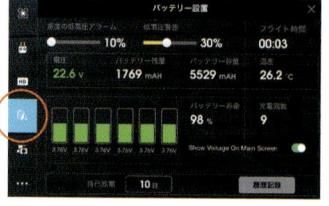

배터리 설정
기체 배터리의 상황을 확인한다. 전지잔량이 줄면 자동으로 복귀시키거나 강제적으로 착륙시키는 설정도 가능하다.

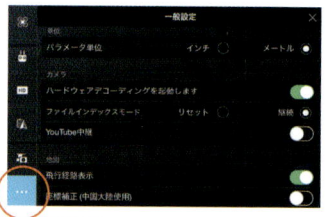

일반설정
미터/인치 전환이나 비행경로 표시/비표시 등을 설정할 수 있다.

STEP 3 인스파이어 1의 비행준비 하기

어플 설정이 끝났으면 비행할 장소로 이동해 기체를 비행이 가능한 상태로 준비한다. 모드 변경, 카메라·로터·모니터 장착 등 순서대로 확실하게 준비하도록 한다.

1 │ 조정기, 본체 순으로 ON시킨다

조정기의 전원을 넣은 다음 본체 뒤쪽에 있는 전원을 넣는다. 컨트롤이 안 되는 것을 막기 위해 전원 넣는 순서(조정기→본체)를 반드시 지키도록 한다. 본체에 전원을 넣으면 전자음으로 알려준다.

2 │ 착륙 모드로 전환한다

조정기의 [운반모드 스위치]를 상하로 4회 이상 움직이면 다리가 움직이면서 기체가 올라간다. 이로서 운반할 때의 「여행 모드」에서 비행에 적합한 「착륙 모드」가 되었다.

STEP 3 인스파이어 1의 비행준비 하기

3 | 본체를 한 번 OFF시킨다

착륙 모드가 된 것을 확인했으면 비행 준비를 위해 한 번 전원을 OFF시킨다. 조정기 전원은 ON 상태로 두고 다음 단계로 넘어간다.

4 | 카메라를 장착한다

운반할 때는 별도로 보관해 두었던 카메라를 장착한다. 먼저 본체 아래쪽 커버를 분리하고 외장형 카메라를 끼운다. 장착할 때는 방향이 있는데, 카메라 위쪽에 돌출부가 있고 하얀 선이 그어져 있는 쪽이 전방이다. 카메라를 잘 장착했으면 짐벌 록을 시계방향으로 돌려 록을 걸어 준다.

커버

전방 마크

짐벌 록

5 | 카메라에 microSD 카드를 끼운다

카메라 옆의 슬롯에 촬영 데이터를 보관하는 microSD 카드를 삽입한다. 본체에 전원이 들어와 있으면 카메라나 짐벌에 부담이 걸리므로 본체는 OFF 상태에서 작업하도록 한다.

6 | FPV 모니터 기기를 조정기에 장착한다

조정기의 모바일 단말 홀더에 FPV 모니터 기기를 장착. 조정기 뒤쪽에 있는 단자와 USB케이블로 연결한다. 단말은 스마트폰부터 iPAD 같은 태블릿까지 사용가능하다. 화면 사이즈가 클수록 보기는 쉽지만 너무 크면 무거워서 조작하는데 영향을 받을 수 있으므로 6~7인치 화면 사이즈가 적당하다. 이번에는 스마트폰「엑스페리아 Z1」을 사용했다.

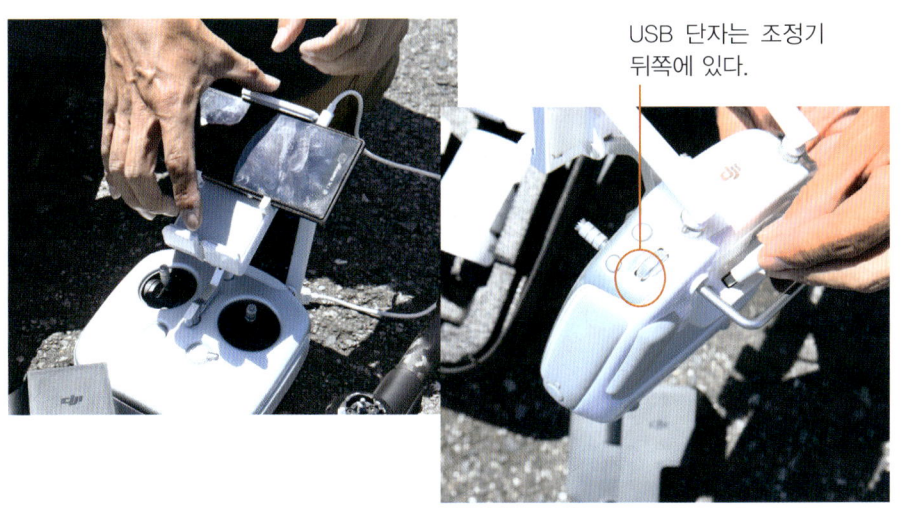

USB 단자는 조정기 뒤쪽에 있다.

STEP 3 인스파이어 1의 비행준비 하기

7 | 로터 4개를 장착한다

하얀 마크를 맞춘다

모터에 4개의 로터를 장착한다. 로터는 똑같이 보이지만 회전방향이 다른 2종류가 있다. 로터와 베어링에 있는 하얀 마크를 기준으로 맞추면 된다. 로터의 회전과는 역회전으로 돌려 완전히 장착하도록 한다.

Point
잠금을 다시 확인

비행 중에 로터가 떨어지는 일이 없도록 잠금이 제대로 걸렸는지 다시 한 번 확인한다. 사용하는 기기의 모터를 손으로 누른 상태에서 로터를 건드려도 돌아가지 않으면 잠금이 걸린 것이다.

8 | 어플을 연다

조정기에 장착한 태블릿에서 어플 「DJI GO」를 열도록 한다. 마지막으로 본체의 전원을 다시 ON시키면 준비가 완료된 것이다.

마그네틱 콤파스 캘리브레이션을 해보자

기체에 내장된 마그네틱 콤파스를 정상화시키는 조절을 「캘리브레이션」이라고 한다. 안전을 위해 매회 실시하도록 하자.

1 「DJI GO」를 연 다음 「기체 스테이터스 일람」 화면에 있는 「마그네틱 콤파스」 항목의 「교정」을 누르면 마그네틱 콤파스 캘리브레이션이 시작된다.

2 기체를 수평이 되도록 잡은 다음 그 자리에서 360도 회전한다. 기체 뒤쪽의 LED 라이트가 황색에서 녹색으로 바뀐다.

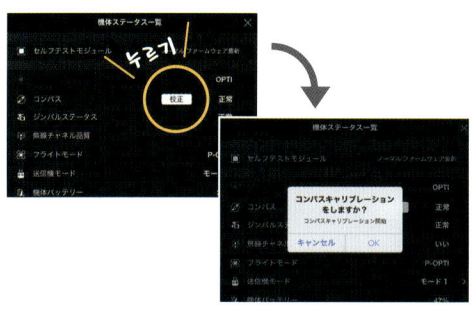

3 LED 라이트가 녹색으로 바뀌었으면 다음은 기체가 수직이 되도록 잡고 다시 그 자리에서 360도 회전한다.

4 LED 라이트가 녹색 점등에서 점멸로 바뀌면 캘리브레이션이 완료된 것이다. 기체를 수평상태로 되돌린 다음 비행준비를 하면 된다.

Point
캘리브레이션을 하는 장소에 주의할 것

마그네틱 콤파스 캘리브레이션은 야외에서 하도록 한다. 근처에 철근 건물이나 빌딩이 있으면 「마그네틱 콤파스 이상」을 일으켜 정상적인 조절이 불가능해진다.

STEP 4 본격적인 항공촬영에 있어서의 준비

비행할 준비가 끝났으면 바로 띄워서 FPV나 항공촬영을 즐겨 보자.
인스파이어 1 클래스의 상급기종을 띄워 항공촬영할 때의 기본적인 준비, 포인트에 대해 알아보겠다.

1 처음에는 시야부터 FPV 조종에 익숙해진다

상급기종이더라도 기본조작은 똑같다. 다만 기체 파워나 응답성, 조정기 스틱의 조작폭 차이 등에 익숙해질 필요가 있다. 4가지 기본조작, 8자 비행이나 노즈 인 같은 복합조작이 능숙해질 때까지 연습하고 처음에는 시야를 기본으로 한다.

조작감각이 생겼으면 비행거리를 조금 넓히고 고도도 올려 본다. 조종자한테서 멀리 떨어져 눈으로 보기 어려울 때는 FPV 영상의 정보가 필요하다. FPV 화면을 보면서 하는 조정도 익숙해질 필요가 있으므로 안전한 장소에서 충분히 연습하도록 한다. GPS기능이 탑재되어 있기 때문에 만약의 경우에는 [리턴 투 홈] 버튼을 누르면 자동으로 복귀한다.

Point

처음에는 2인 1조가 안심

처음에는 FPV화면을 보면서 조작하는 사람과 옆에서 기체 위치를 확인하는 보조역 할까지 2명이 한 조가 되는 것이 좋다. 시야 범위에서 띄우도록 한다.

GPS가 오프일 때의 움직임을 확인해 둘 것

갑자기 GPS가 미치지 않더라도 조작할 수 있게 GPS의 ON, OFF 차이를 체험하는 것이 좋다. GPS 기능이 있어도 최종적으로는 조종자의 기술이 중요하기 때문이다.

스마트폰이나 태블릿을 장착한 조정기는 무겁기 때문에 사진처럼 끈으로 연결해 목에 걸고 쓰면 편하다.

2 | 자연조건과 지리를 파악한 다음 비행 계획을 세운다

FPV 비행을 성공하려면 비행 전에 자연조건이나 지리를 파악하는 것이 중요하다. 다음과 같은 정보를 판단해 촬영 코스를 미리 연상해 두면 원활하게 촬영할 수 있을 것이다.

[바람 세기와 방향을 파악한다]

바람 위로 올라가기는 쉽지 않을 뿐만 아니라 배터리도 소모된다. 바람 밑으로는 많이 떠밀려 간다.

[태양 각도를 알아둔다]

맑은 날씨일 때는 방향을 판단하는 정보가 된다. 또한 순광(順光), 역광(逆光)을 감안해 피사체가 깨끗하게 비치는 촬영방향을 생각하도록 한다.

[주변 지리를 파악해 둔다]

동서남북에 있는 산이나 강, 눈에 띄는 건물 등, 주요 지형지물로 기억해 두면 좋다. FPV 화상에서 기체 방향을 판단할 수 있다.

Check

☞ **GPS가 내장된 드론을 홈으로 리턴시키는 기능**

조정기 버튼 하나로 조정기 위치를 추적해 자동으로 복귀하는 기능을 「리턴 투 홈」이라고 한다. 조건에 따라 GPS에 오차가 발생하는 경우도 있으므로 과신은 금물이다. 눈에서 안 보이거나 조작불능에 빠졌을 경우 최후의 수단으로 사용하도록 한다.

STEP 4 본격적인 항공촬영에 있어서의 준비

3 | 동영상, 정지화면 찍기

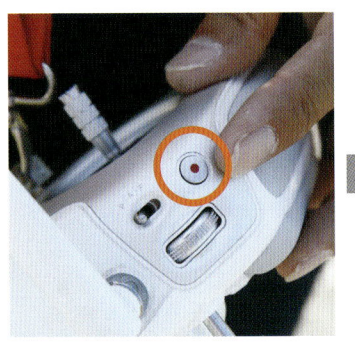

조정기 왼쪽 위에 있는 「비디오 리코딩 버튼」을 누른다.

동영상 촬영이 시작되고, 또 한 번 똑같은 버튼을 누르면 녹화가 중지된다. 태블릿 화면에서도 조작이 가능하다.

비디오 / 카메라 버튼을 아래로

녹화 버튼

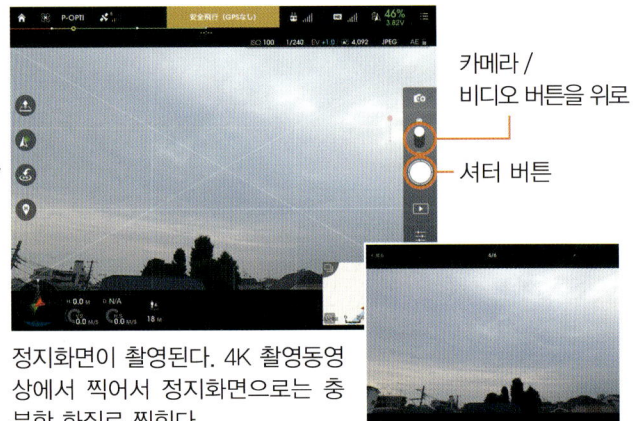

조정기 우측 위에 있는 「셔터 버튼」을 누른다.

정지화면이 촬영된다. 4K 촬영동영상에서 찍어서 정지화면으로는 충분한 화질로 찍힌다.

카메라 / 비디오 버튼을 위로

셔터 버튼

Point

손가락으로 카메라 방향을 조작

태블릿 화면에 손가락을 대면 화면에 청색의 원형 마크가 나타난다. 그대로 손가락을 움직이면 원형 마크도 움직이고 그것을 쫓아가듯이 카메라가 움직인다. 조정기로 할 수 있는 상하 조절뿐만 아니라 더 자유자재로 직감적인 촬영을 즐길 수 있다.

4 | 짐벌 다이얼 조작하기

조정기 좌측 위에 있는 「짐벌 다이얼」을 조작해 카메라의 상하방향 각도(틸트)를 −90도~+30도로 조절할 수 있다. 검지손가락으로 우측으로 돌리면 카메라가 상향으로 바뀌고 왼쪽으로 돌리면 하향으로 바뀐다. 세밀한 조절도 가능하기 때문에 드론 비행과 조합하면 더 원활하고 현장감 있는 항공촬영을 할 수 있다. 이륙하기 전에 지상에서 조작감각을 익히도록 한다. 조정기 설정(78p)에서 짐벌이 움직이는 속도도 조절할 수 있다.

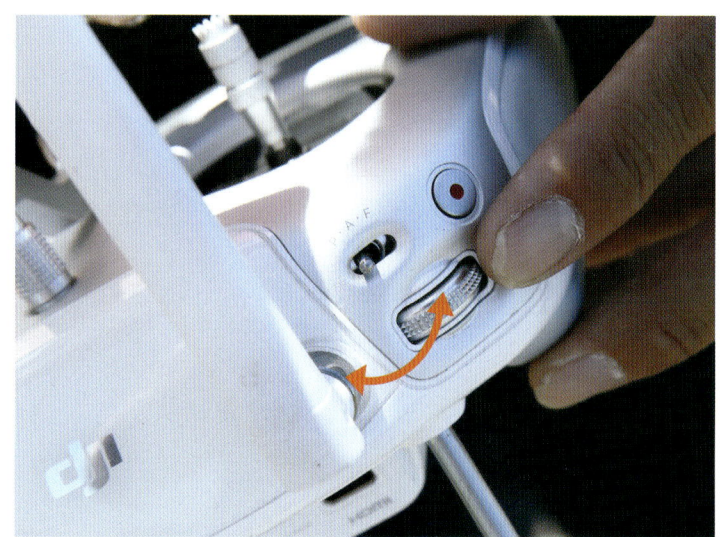

【다이얼을 우측으로 돌리기】

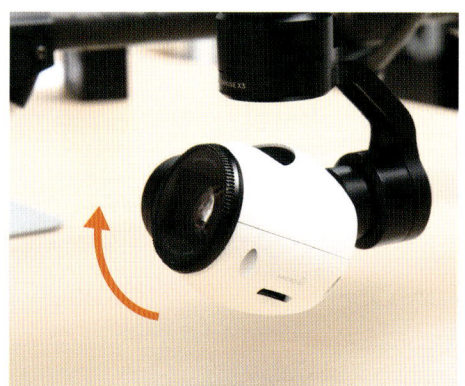

카메라가 상향으로 움직임

【다이얼을 좌측으로 돌리기】

카메라가 하향으로 움직임

STEP 5 항공촬영 테크닉①
피사체 위를 통과하면서 카메라 돌리기

인스파이어 1을 사용한 실용적인 항공촬영 테크닉을 소개하겠다.
먼저 간단하게 할 수 있는 직선적인 항공촬영 방법이다. 피사체를 프레임 중앙에 계속 잡을 수 있도록 에일러론 조작에 주의하도록 한다.

Point
위험할 수 있으므로 사람을 촬영하는 일은 없도록 해야 한다.

피사체를 향해 정면에서 접근한 다음 그 위로 지나간다. 현장감 넘치는, 말 그대로 새의 눈으로 보는 것 같은 감각이다. 위로 지나갈 때 짐벌 다이얼을 조작해 카메라를 돌려준다. 마지막까지 피사체를 계속 촬영하면 된다.

① 피사체를 화면중앙에 잡고 호버링하기

촬영대상이 카메라 중앙에 들어오도록 호버링한다.
옆바람의 영향을 잘 받지 않는 각도를 찾도록 한다.

② 피사체를 향햐 전진한다

엘리베이터를 조작해 피사체를 향해 직진한다. 바람이 불 때는 미세하게
세밀하게 조작해 대상물이 카메라 중앙에서 벗어나지 않도록 유지한다.

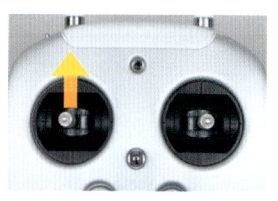

STEP 5 항공촬영 테크닉①
피사체 위를 통과하면서 카메라 돌리기

③ 카메라를 아랫방향으로 움직인다

피사체에 접근하면 드론에서 내려다보는 형태가 되기 때문에 화면 중앙에 계속 들어오도록 서서히 짐벌 다이얼을 왼쪽으로 돌려 카메라를 아래 방향으로 돌린다.

④ 피사체 위를 통과한다

진행 스피드를 늦추지 말고 대상물 위를 지나간다.
짐벌 다이얼을 더 왼쪽으로 돌려 카메라가 바로 밑을 향하도록 맞춰 준다.

5 전방을 주의하면서 상승한다

피사체를 통과한 직후에는 카메라가 밑을 향하고 있어서 FPV로 전방을 확인하기가 곤란하다. 시야를 확보하기 위해 상승하면서 카메라를 원위치로 되돌린다.

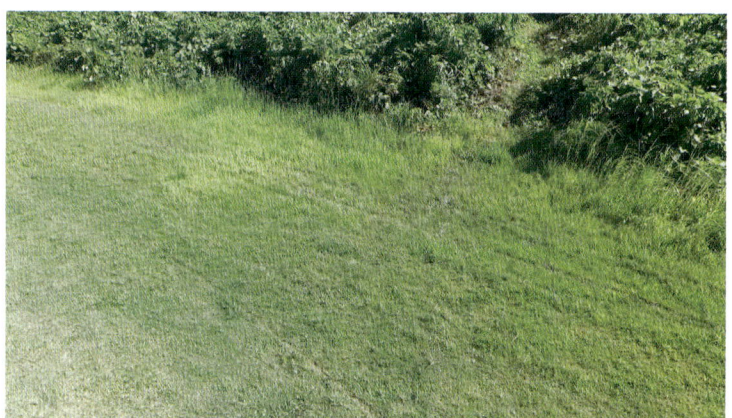

Point

엘리베이터와 틸트 조작을 동시에 한다

엘리베이터 조작과 짐벌 다이얼 조작은 같은 왼손으로 한다. 혼란스럽지 않도록 엘리베이터 조작을 최대한 일정하게 유지하고 속도에 맞춰 대상물을 쫓아가듯이 짐벌 다이얼을 조정하면 된다. 대상물이 화면 중앙 위치에서 카메라가 바로 아래쪽을 향한 순간과 동시에 엘리베이터 조작을 멈추고 급상승하면 더 효과적이다. 나아가 급상승 중에는 일정한 러더 조작으로 화면을 회전시키면 영상에 더 변화를 줄 수 있다.

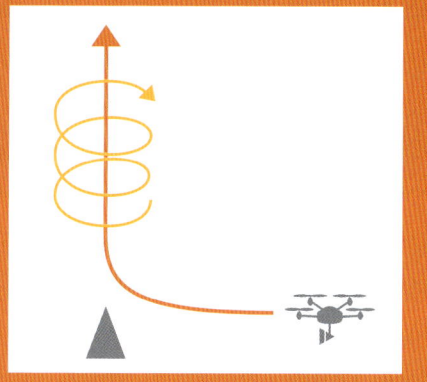

STEP 6

항공촬영 테크닉②
피사체 주변을 선회하면서 상승하기

중급에서 소개한 노즈 인 테크닉에 스로틀을 조합해 회오리 형태로 상승해 나간다. 피사체를 계속 중앙에 놓으면서 배경만 바뀌어 가는 식의 드라마틱한 연출이 이루어진다.

Point

3가지 조향 기술을 감각적으로 익히자

- 에일러론=스피드
- 엘리베이터=반경
- 러더=피사체를 쫒는다.

노즈 인은 네 가지 조향 기술을 복합적으로 구사하는 테크닉이지만 조종자의 감각에 있어서는 왼쪽 세 가지를 익히도록 한다. 먼저 에일러론으로 스피드를 결정하고, 엘리베이터로 회전 크기를 결정하며 두 가지 조작에 맞춰 러더를 추가하는 식의 이미지이다. 그리는 원이 작을수록 난이도는 올라간다.

피사체를 중심으로 주위를 도는 노즈 인(64p)은 중급편에서 연습했다. 거기에 엘리베이터를 사용한 상승을 가미해 회오리 모양으로 올라간다. 상승 중에 카메라의 틸트 조작도 필요하기 때문에 난이도는 높은 편이지만 잘만하면 영화나 프로모션 비디오로 보일만큼 드라마틱한 영상을 촬영할 수 있다.

① 피사체를 중심으로 노즈 인

64p의 조작과 똑같이 좌 에일러론과 우 러더, 엘리베이터 전진을 조합해 노즈 인을 한다. 사전에 녹화를 시작한 상태로 진행하면 된다.

② 피사체를 촬영하면서 상승한다

노즈 인 조작에 스로틀을 추가해 상승한다. 조금씩 짐벌 다이얼을 우측으로 돌려 피사체를 계속에 중앙에 잡을 수 있도록 카메라를 밑으로 향하게 한다.

STEP 6 항공촬영 테크닉②
피사체 주변을 선회하면서 상승하기

3 상승하면서 피사체를 내려다보기

노즈 인을 하면서 더 상승한다. 거기에 맞춰 짐벌 다이얼로 카메라를 움직여 피사체를 계속 촬영한다. 상승속도에 맞춰 카메라에 비치는 시야가 넓어진다.

> **Point**
> ### 다섯 가지 조작을 동시에 한다
> 노즈 인은 왼손이 엘리베이터・러더・짐벌 다이얼을 조작하고 오른손이 스로틀・에일러론까지 총 다섯 가지 조작을 동시에 하게 된다. 각 조작이 조잡해지면 촬영한 동영상이 흔들린 인상을 준다. 처음에는 넓은 장소에서 조작감을 익혀서 안정적인 항공촬영이 가능하도록 연습하는 것이 좋다. 스피드까지 일정하면 틀림없이 감동스러운 영상이 만들어질 것이다.

STEP 7

항공촬영 테크닉③
움직이는 피사체를 후진하면서 정면으로 촬영하기

이동하는 피사체의 촬영 테크닉한다. 먼저 피사체의 전방을 앞서 나가면서 날고 후진하면서 촬영한다. 항상 피사체의 정면을 잡기 때문에 뒤에서 쫓아가는 것보다 매력적인 영상이 만들어진다.

Part 4 피로다운 항공촬영을 즐겨보자

보트

Point
물 위에서 촬영할 때는 물에 떨어지지 않도록 충분한 고도를 취하고, 자기책임 하에서 연습하도록 한다.

자동차나 보트 등, 이동하는 피사체와 함께 움직이면서 촬영하는 경우 뒤에 붙어서 촬영하면 계속 뒤쪽만 찍게 되어 그다지 매력적이지 않은 영상이 나온다. 피사체를 정면에서 잡고 박력 넘치는 촬영을 해보도록 한다. 드론의 강점을 살려 고도에도 변화를 주면 더 효과적이다.

STEP 7
항공촬영 테크닉③
움직이는 피사체를 후진하면서 정면으로 촬영하기

① 피사체의 정면에 위치한다

이동하는 피사체 앞으로 나가 일단 호버링. 러더로 180도 선회해 피사체를 정면으로 마주한다. 카메라를 돌려 피사체를 중앙에 놓는다.

② 피사체 속도에 맞춰 후진한다

엘리베이터를 조작해 기체를 후진시킨다. 화면 가운데에 피사체가 적당한 크기로 자리 잡았으면 피사체 속도에 맞춰 엘리베이터 후진을 유지한다.

③ 후진하면서 고도를 올린다

엘리베이터로 피사체 속도에 맞춰 후진하면서 스로틀을 올려 서서히 상승시킨다. 더불어 카메라를 아래로 움직여 피사체가 프레임에서 벗어나지 않도록 한다.

④ 후진속도를 높여 멀어지면서 상승한다

엘리베이터의 후진속도를 높여 상승하면서 피사체에서 멀어져 간다. 필요에 맞춰 카메라 각도도 조정한다. 프레임에 배경이 크게 드러나고 드론의 스피드감이 더해져 다이내믹한 영상이 만들어진다.

Point

후진 중의 에일러론 조작이 중요

움직이는 피사체는 조종자가 예상하지 못한 움직임을 하는 경우도 있다. 피사체의 주행 라인에서 드론이 벗어나지 않도록 후진 중인 에일러론 조작을 잘 조절하도록 한다. 또한 상승할 때는 힘차게 스로틀과 엘리베이터를 조작해 신속하게 멀어지는 이미지를 주면 더 효과적이다.

STEP 8

항공촬영 테크닉 ④

움직이는 피사체를 추월해 앞으로 빙글 돌아서기

움직이는 피사체를 더 다이내믹하게 촬영하고 싶을 때는 뒤에서 쫓아가다가 추월한 다음에 정면을 찍고는 다시 보내듯이 촬영하면 된다. 지금까지의 복합조작을 조합한 촬영으로서, 약간 응용조작이 필요하다.

Point
촬영조건에 따라 미세조절이 필요

피사체의 이동속도나 촬영 당시의 바람 방향, 풍속 등에 따라 전진, 노즈 인, 후진 같이 모든 스틱을 조작하는데 있어서 미묘한 조절이 필요하다. 먼저 바람이 없을 때 해보고, 다음에 바람 영향을 계산해 비행할 수 있도록 연습하면 된다.

움직이는 피사체를 쫓아가다가 추월한 다음 정면을 찍고는 보낸다. 피사체를 모든 각도에서 전부 촬영하면서 시시각각 변하는 배경도 아름답게 촬영할 수 있다. 기본적으로는 지금까지 연습한 전진과 노즈 인, 후진을 조합한 테크닉이지만 이 세 가지 조작을 부드럽게 하는 한편으로 피사체가 움직이기 때문에 노즈 인의 중심을 변화시키는 응용조작이 필요하다.

① 피사체를 뒤에서 쫓아간다

스로틀로 일정 고도를 유지하면서 엘리베이터로 피사체보다 빨리 전진해 추월하기 시작한다. 피사체에 접근해감에 따라 카메라를 밑으로 돌려 화면중앙에 잡는다.

② 러더로 우선회하면서 에일러론을 조작한다

피사체와 나란히 위치한 타이밍에서 서서히 우 러더로 우선회한다. 피사체와 나란히 가기 위해 조금씩 좌 에일러론을 조작한다.

STEP 8 항공촬영 테크닉④
움직이는 피사체를 추월해 앞으로 빙글 돌아서기

③ 노즈 인을 시작한다

피사체와 나란히 위치했으면 앞으로 추월하면서 노즈 인 조작을 시작한다. 여기서는 왼쪽부터 우(시계)회전하기 때문에 좌 에일러론+우러더+엘리베이터 전진입니다. 포인트는 엘리베이터 양으로, 중심이 되는 피사체가 전진하기 때문에 정지해 있는 피사체보다는 엘리베이터를 늦추고 횡으로 미끄러지듯이 회전 중심을 피사체의 진행방향으로 비켜 나간다. 추월해 피사체로부터 멀어짐에 따라 카메라를 위쪽으로 움직인다.

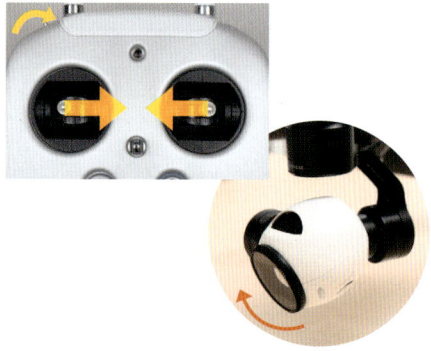

④ 노즈 인의 반경을 작게 한다

180도 선회해 피사체의 정면을 넘어갔으면 그대로 포물선을 그리면서 피사체 우측으로 돌아선다. 피사체가 앞을 향해 오기 때문에 통상적인 노즈 인 조작을 해서는 피사체가 너무 가까이 붙게 된다. 회전에 맞춰 후진 엘리베이터를 조작해 일정 거리를 유지하도록 한다.

❺ 270도 선회했으면 호버링하면서 보낸다

노즈 인으로 270도 선회해 피사체의 우측면을 촬영한다. 우 에일러론 조작을 약하게 해 피사체가 추월하도록 한다. 호버링 상태로 만들어 보트를 지나가게 한다.

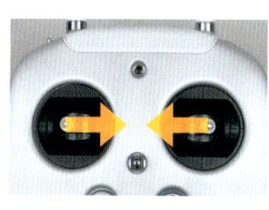

【드론의 궤도와 기수 방향】

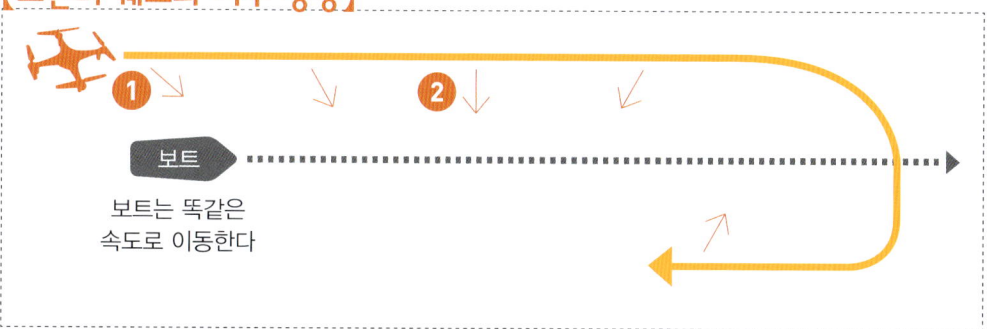

보트는 똑같은 속도로 이동한다

Point

피사체와의 거리를 일정하게 유지할 것

에일러론, 엘리베이터 조작 타이밍에서 피사체와의 거리가 바뀌기 때문에 주의해야 한다. ❷의 보트를 추월할 때는 에일러론 조작량을 많이 주지만 반대로 보트가 추월하는 ❺는 약간의 에일러론 조작으로 보트가 자연스럽게 지나가게 된다. 또한 보트가 가까워졌다고 생각했으면 짐벌 다이얼을 조작하는 것도 효과적이다.

항공촬영을 유튜브(YouTube)에 올려보자

촬영한 동영상을 PC에서 편집해 유튜브에 올려보자. 항공촬영에 더 몰두해 보고 싶어지거나 같은 취미를 가진 사람들과의 교류가 생기는 등, 세계가 넓어질 것이다!

▶ 동영상을 불러온다

Ⓐ 동영상 찾기

촬영한 동영상 데이터는 microSD 등에 기록되어 있으므로(59p) 부속품인 USB커넥터나 카드리더를 사용해 PC로 불러온다. 갤럭시 비지터 6는 FLV형식, 인스파이어 1은 MP4나 MOV(촬영할 때 선택) 형식으로 보존되어 있다.

Ⓑ 어플을 사용해 스마트폰·태블릿으로 불러오기

인스파이어 1이나 팬텀 등은 전용 어플(DJI GO)을 사용해 스마트폰이나 태블릿에 동영상을 불러 온 다음 편집 및 유튜브에 올릴 수 있다. 4K 동영상은 취급하지 못한다.

기체에 전원을 넣었으면 어플을 「재생」모드로 놓고 우측 아래의 「다운로드」아이콘을 선택.

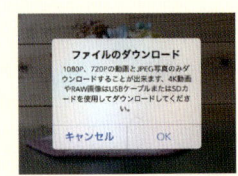
동영상 다운로드의 준비가 시작되므로 「OK」를 선택한다.

「OK」를 선택했으면 동영상 파일이 다운로드된다.

▶ 촬영 데이터를 편집할 소프트를 선택한다

필요 없는 동영상 부분을 잘라내거나 BGM(Background Music)을 깔려면 「동영상편집 소프트」가 필요하다. 사용PC의 OS, 예산, 기체나 카메라 동영상 저장형식 등을 고려해 선택한다. 갤럭시 비지터 6의 동영상 저장형식인 FLV는 편집 소프트가 적기 때문에 주의하기 바란다! 우측의 소프트 표는 AviUtl만 대응(플러그인 필요)하다. 일반적으로 무료 소프트보다 유로 소프트가 사용하기 쉽고 기능도 충실하다. 가격도 10만 원대부터 있으므로 편집을 잘 하고 싶은 사람은 유료 소프트를 추천한다. 윈도우즈용으로는 「VideoStudio Pro」, Mac용(으로는 「Final Cut Pro X」등이 대표적이다. 여기서는 윈도우즈/Mac에 대응하는 「Adobe Premiere Pro CC」로 기본적인 동영상 편집을 설명하겠다.

소프트 이름	대응OS	유/무료	4K동영상
AviUtl	Win	무료	○
Windows 무비메이커	Win	무료	○
VideoStudio Pro	Win	유료	○
iMovie	Mac	무료※	―
Final Cut Pro X	Mac	유료	○
Adobe Premiere Pro CC	Win/Mac	유료	○

※조건부 무료. 상세한 것은 HP를 참조하기 바란다.

▶ 어도브 프리미어 프로 CC로 동영상을 편집한다

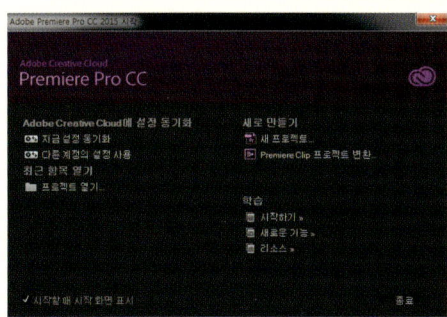

①신규 프로젝트를 작성·설정한다

프로그램을 연 다음 신규 프로젝트를 만들고 프로젝트 이름 및 저장장소 등을 설정한다.

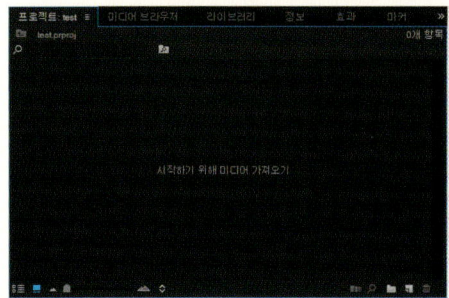

②프로젝트에 동영상 파일을 불러온다

프로젝트를 설정했으면 동영상이나 음악 파일을 불러온다. 불러오기 방법은 화면 상단의 「파일」에서 「불러오기」를 선택하든가, 화면 좌측 아래의 「프로젝트」윈도우에 파일을 직접 드래그&드롭한다. 다음으로 「파일」에서 신규 시퀀스를 작성해 동영상 사이즈(프레임 사이즈)의 크기 등을 설정한다.

Point 시퀀스는 고품질로 설정할 것

프레임 사이즈나 비트 레이트를 고품질로 설정하면 유튜브에 올렸을 때 화질이 떨어지는 것을 조금 완화할 수 있다.

③동영상을 편집한다(1) -1차 편집-

불러온 파일을 「프로젝트」윈도우 우측 옆의 타임라인에 드래그&드롭으로 배치해 동영상 순서를 바꾸거나 자르는 등의 편집 작업을 한다. 동영상 순서를 바꿀 때는 선택 툴Ⓐ를, 자를 때는 레이저 툴Ⓑ를 각각 타임라인 좌측 옆의 툴바에서 선택해 사용한다.

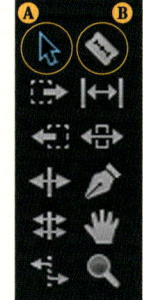

Point 불필요한 부위를 대략적으로 자른다

타임라인 상에 배치된 동영상 머리부분부터 세세히 만들어가기보다 불필요한 부분을 대략적으로 잘라내 이어주는 편이 효율적일뿐만 아니라 균형 있게 편집할 수 있다. 이 작업을 「1차 편집」이라고 한다.

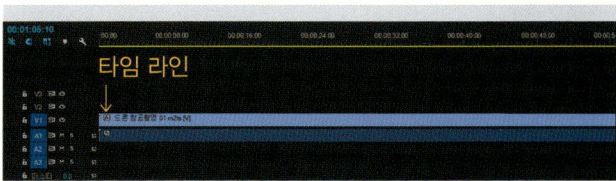

타임 라인

항공촬영을 유튜브(YouTube)에 올려보자

④ 동영상을 편집한다(2) -BGM 깔기-

편집한 동영상에 BGM을 깔려면 먼저 동영상에 원래 들어 있는 음을 삭제한다. 삭제하려면 타임라인 상의 동영상을 우클릭한 다음 링크해제ⓐ를 선택한다. 그리고 사용하고 싶은 음악 파일을 타임라인 상에 끌어와 붙이면 된다. 그 다음은 음악의 리듬에 맞춰 세세한 편집을 진행하도록 한다.

Point 사용할 음악에 관한 주의

BGM을 깔 때 주의해야 할 것이 저작권 문제이다. 저작권이 있는 음원을 사용하면 ContentID 신청이나 삭제의뢰가 되는 경우도 있다. 저작권에 문제가 없는 프리 음원을 사용하도록 한다.

⑤ 동영상을 기록한다

모든 편집작업이 끝났으면 동영상을 기록한다. 「파일」에서 「내보내기」→「미디어」로 진행하면 「내보내기 창」이 열린다.
이때 형식ⓐ는 「H.264」, 프리셋ⓑ는 「유튜브 2160p 4K」를 선택하고(소재가 4K 동영상인 경우), 필요에 따라 출력명(파일이름)을 설정한다. 그리고 윈도우 우측아래의 기록ⓒ 버튼을 클릭해 동영상을 기록한다. 덧붙이자면, 유튜브에 올리는 동영상은 H.264형식의 MP4나 MOV가 권장되고 있다.

Point 유튜브에 올릴 수 있는 동영상 사이즈는?

디폴트 설정으로 업로드할 수 있는 동영상은 파일 사이즈 2GB, 길이 15분까지이다. 단, 「상한 인상」설정을 하면 최대 128GB, 11시간까지의 동영상을 올릴 수 있게 되어 있다(2015년 8월 현재).

▶ 유튜브에 올리기

①구글 어카운트에 로그인한 다음 업로드 링크를 클릭

동영상을 업로드할 때는 먼저 구글 어카운트에 로그인한다. 그리고 로그인 링크의 좌측 옆에 있는 업로드 링크를 클릭해 업로드 페이지로 이동한다.

②업로드할 동영상 파일을 선택

안내에 따라「업로드할 파일을 선택」화면을 클릭, 혹은 브라우저에 직접 파일을 끌어와 붙여 업로드를 시작한다.

③타이틀·설명문·공개범위를 설정

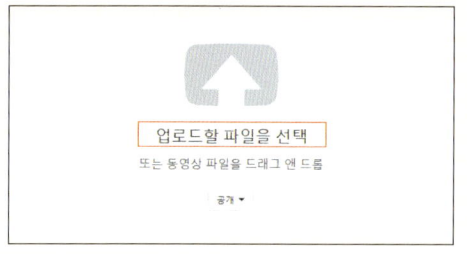

먼저 동영상 내용이 전달할 타이틀과 설명문을 입력한다.「드론」「항공촬영」같은 키워드를 적으면 같은 취미를 가진 사람들이 쉽게 찾을 수 있다. 그리고 마지막에 공개범위를 설정한다. 누구나 볼 수 있는「공개」, URL을 알고 있는 사람이 볼 수 있는「한정공개」, 공유지정한 구글 어카운트에서만 볼 수 있는「비공개」가운데 목적에 맞게 선택한다.

▶ SMS 공유로 교류를 즐겨보자

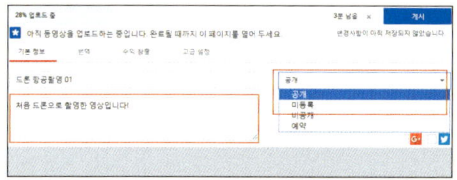

업로드가 끝났으면 화면 좌측 중앙에 링크URL이 표시된다. 이것을 페이스북이나 트위터 같은 SNS(Social Network Service)로 공유하면 더 좋을 것이다. 동영상에 대한 댓글이나 조언을 받음으로서 새로운 교류가 생기는 경우도 있다.

column

드론 강습회에 참가해 보자

드론에 관한 기술을 닦고 지식을 더 얻기 위한다면
프로한테 직접 지도를 받을 수 있는 강습회도 참가해 보자.

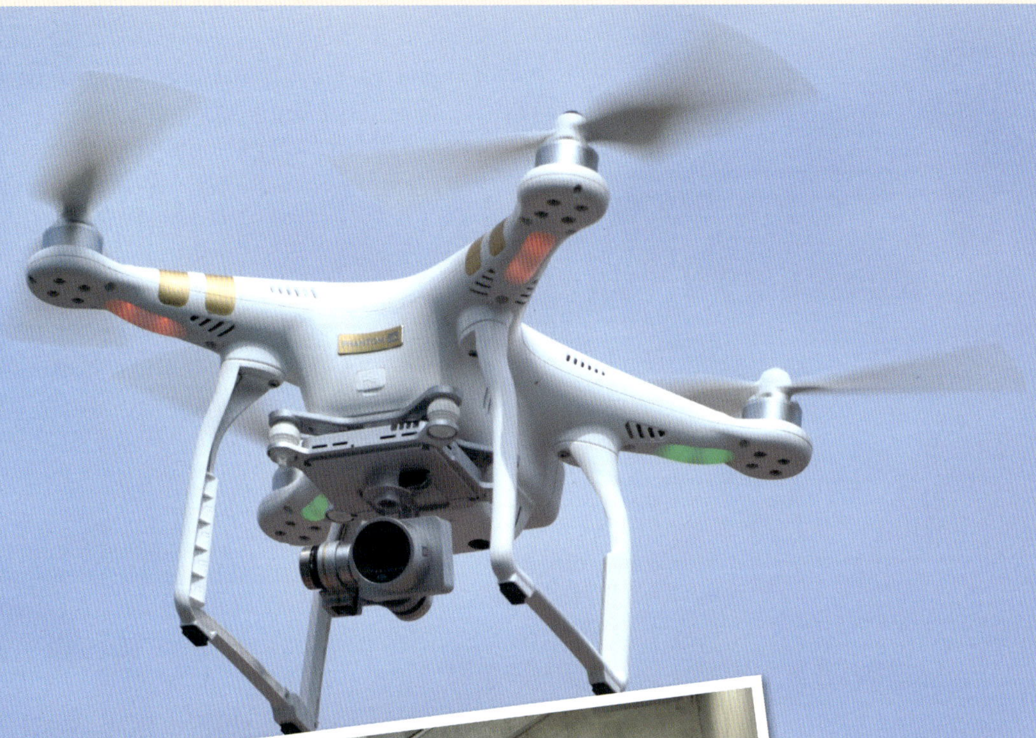

1

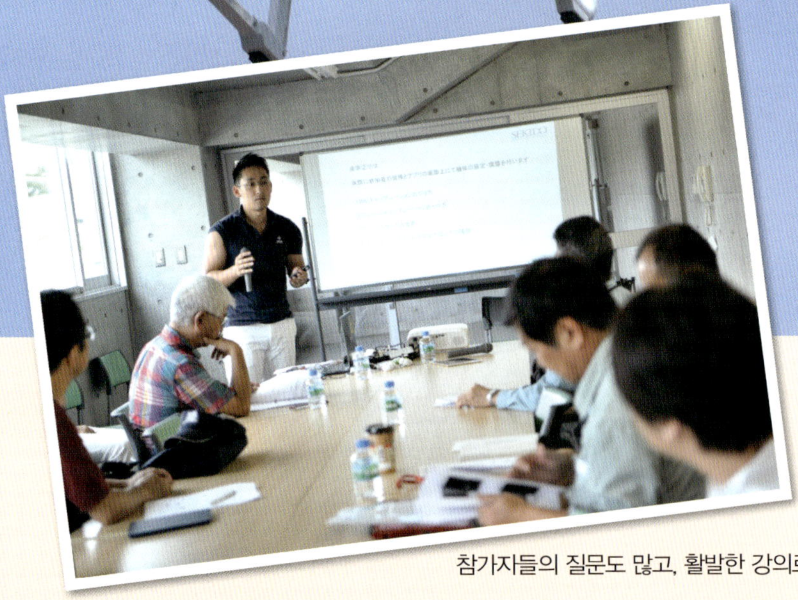

참가자들의 질문도 많고, 활발한 강의로 진행되어진다.

■ 날짜 : 2015년 7월 24일 ■ 장소 : 아지노모토 스타디움 ■ 참가인원 : 8명(예약제) ■ 참가대상자 : 이미 팬텀 3를 사용하는 중급 유저 ■ 참가비 : 15만원(세금포함)

이 책에서 사용한 인스파이어 1을 비롯해 DJI의 드론 대리점이나 한국드론산업협회 등에서 정기적으로 드론 강습회를 열고 있다.

교육장에서 하는 이론 파트에서는 드론 오너에 관한 법률이나 규제를 비롯해 보험과 항공기로 이동할 때의 취급방법, 배터리 처분방법 등, 더욱 실용적인 내용이 교육되었다. 이어서는 참가자의 촬영용 드론을 사용해 실제로 캘리브레이션 등의 설정을 한다.

2

갖고 온 드론의 설정화면을 보면서 세밀한 세팅을 하는 모습. 강사가 옆에서 직접 설명해주기 때문에 의문점이 바로 해소되는 모습이었다.

3

비행 트레이닝. GPS 유무에 따른 감각 차이를 피부로 느끼면서 난이도가 높은 8자 비행까지 연습했다. 강사가 일대일로 붙어 요령이나 포인트를 가르쳐주기 때문에 단시간에 실력들이 좋아지는 모습이었다.
팬텀 3를 가진 오너만 한정된 것이지만 정말로 능숙해지고 싶은 사람에게는 안전하고 넓은 장소에서 날리면서 기술까지 지도받을 수 있는 귀중한 기회이다.

STEP 5
수준별 추천 드론 카탈로그

취미용 드론을 재원이나 조종수준 별로 「초급용」, 「중급용」, 「상급용」 3단계로 분류해 소개한다. 각 기종마다 특징이나 장점, 단점이 있기 때문에 자신이 목적으로 하는 수준에 맞춰 기체를 선택하도록 한다. 손바닥 크기의 「미니 드론」이나 드론에 탑재하는 액션 카메라도 소개한다.

 카메라탑재    GPS대응

조정기부속   FPV대응

별매 카메라, 조정기대응

> 초급기종

Nine Eagles
GALAXY VISITOR 8
NINE Eagles의 갤럭시 비지터 8

발군의 안정감과 운동성!
드론 입문에 최적인 기종

안정성, 조작성에서 평가 받고 있는 갤럭시 비지터 시리즈 가운데서도 최고 수준의 안전성능과 운동성능을 자랑하는 비지터 8. 초보자라도 안심하고 날릴 수 있는 연습기이다. 카메라는 탑재되어 있지 않지만 시인성이 뛰어난 사이즈나 앞뒤 구분이 쉬운 컬러링, 약 10분이나 되는 긴 비행시간 등. 심플하게 「날리는 즐거움」을 추구한 사양이다. 또한 조정기나 배터리 등이 다 구성되어 있어서 별도 구매 없이 날릴 수 있는 것도 초보자에게는 반가움 점이다.

기체 밑으로 고휘도 LED 라이트가 있어서 기체 방향을 식별하기 쉽게 되어 있다.

밸런스가 좋은 모터

에너지 효율이 뛰어난 코어리스 모터를 사용. 모터의 파워 밸런스가 뛰어나기 때문에 야외 비행에 적합할 뿐만 아니라 정숙성도 뛰어나다.

Recommend

① 기본조작 마스터에 필요한 올인원 세트
② 고성능 6축 센서를 탑재해 매우 안정된 비행이 가능
③ 야외 비행을 시작하는 초보자에게 적합한 모터 파워 밸런스

Part 5 레벨별 추천 드론 카탈로그

Point 어른도 만족할 만한 매끈한 디자인

블랙&그린, 화이트&블랙 컬러링에 미래지향 디자인에 정사각형 기체가 매끈한 인상! 입문기종이지만 「장난감」같은 느낌은 전혀 없다.

본체, 조정기, 조정기용 건전지, 본체용 리튬폴리머 배터리, USB충전기, 스페어 로터, 취급설명서 등 비행에 필요한 것이 전부 세트로 구성.

DATA

- 가격:10만원 ■ 크기:폭230mm×깊이230mm×높이72mm 무게113g ■ 비행시간:약10분
- 배터리:3.7V 700mAh 리튬폴리머 ■ 전파도달거리:약100m ■ 컬러/블랙&화이트, 그린&그레이
- 문의:하이테크 멀티플렉스 저팬 ■ URL:http://www.hitecrcd.co.jp/products/nineeagles/galaxyvisitor8/

초급기종

KYOSHO EGG
콰트록스 ULTRA
KYOSHO EGG의 콰트록스 울트라

**파워풀한 비행으로 초보자라도
항공촬영을 즐길 수 있다!**

대용량 배터리를 사용해 시리즈 중에서는 가장 파워풀한 비행과 쾌적한 항공촬영을 즐길 수 있다. 하이/미들/노멀 3단계의 스피드 모드를 선택할 수 있어서 하이 스피드 모드로 다이내믹한 동영상을, 노멀 스피드 모드로 흔들림이 적은 정지화면을 촬영하는 등, 용도에 맞춘 조작이 가능하다. 6축 센서 외에 전자 마그네틱 콤파스를 탑재함으로서 간단할 뿐만 아니라 안정성이 뛰어난 조작감을 느낄 수 있다.

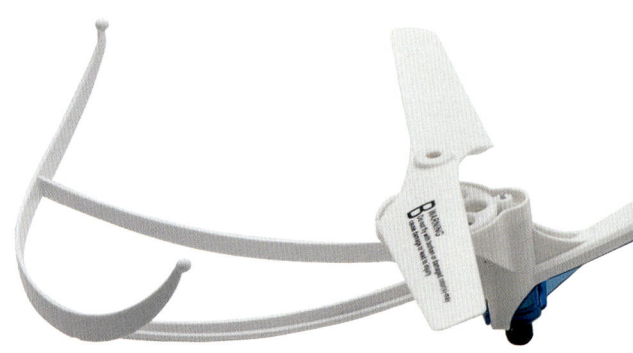

왼쪽 스틱을 수직으로 밀면 「헤드리스 모드」로 옮겨감. 기체가 어느 쪽을 향하고 있는지에 상관없이 스틱을 누른 방향으로 조작할 수 있다.

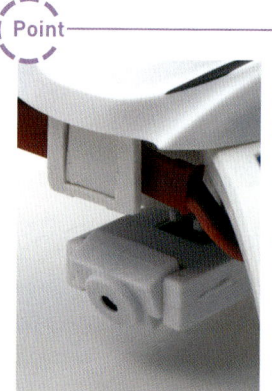

Point

**200만 화소 카메라로
깨끗한 동영상을 촬영!**

동영상이나 정지화면 모두 촬영할 수 있는 200만 화소 카메라를 탑재. 조정기의 스틱을 미는 것만으로 간단히 항공촬영을 즐길 수 있다. 촬영 데이터를 보존하려면 별매인 micro SD 카드가 필요하다.

Recommend

❶ 스위치 하나로 정지화면&동영상을 간단히 촬영
❷ "헤드리스 모드"로 대면조작의 어려움을 해소
❸ 부속된 카드리더로 촬영 데이터의 읽어오기도 간단히

Part 5 레벨별 추천 드론 카탈로그

Point 쉽게 날리는데 중점을 둔 디자인

슬림한 형상은 비행할 때 공기저항을 절감. 또한 식별하기 쉬운 컬러링으로 앞뒤를 쉽게 확인할 수 있다.

DATA

- 가격:15만원 ■ 크기:폭340mm×깊이340mm×높이60mm 무게120g ■ 카메라:200만화소/1280×720픽셀 ■ 비행시간:약 8분 ■ 배터리:3.7V 650mAh 리튬폴리머 ■ 전파도달거리:약25~30m ■ 문의:교쇼
- URL:http://kyoshoeg.jp/toy_rc-drone.html

| 초급기종 |

Nine Eagles
GALAXY VISITOR 6
NINE Eagles의 갤럭시 비지터 6

앞에 있는 모니터로 항공촬영 모습을 즐길 수 있는 FPV 기능 탑재

기체의 자동제어에 6축 센서를 사용함으로서 매우 안정적인 비행이 가능하다. 고도를 자동으로 유지하는 고도 록 기능은 조종을 보조하기 때문에 항공촬영에 더 전념하기 쉽게 해준다. 또한 앞뒤로 로터 색이 다른, 별매의 로터 블레이드 가드(1만원)가 준비되어 있는 등, 연습기종으로서의 기능도 충실하다.

Recommend
❶ Wi-Fi FPV통신 최대100m
❷ 부속된 카드리더로 촬영한 동영상을 PC로 간단히 읽어오기
❸ 버튼 하나로 정지화면인 동영상 모두 감각적인 촬영이 가능

비행에 필요한 것이 모두 세트로 되어 있음. 심지어 항공촬영 데이터 보존용 micro SD(2GB)도 부속되어 있음.
※스마트폰은 별매

DATA
- 가격:25만원 ■ 크기:폭199mm×깊이199mm×높이54mm(로터 제외) 무게115g
- 카메라:130만 화소/1280×720픽셀 ■ 비행시간:약7분 ■ 배터리:3.7V 700mAh 리튬폴리머
- 전파도달거리:약120m 컬러/그린, 블루, 레드 ■ 문의:하이테크 멀티플렉스 저팬
- URL:http://www.hitecrcd.co.jp/products/nineeagles/galaxyvisitor6/

RC Logger
RC EYE One Xtreme
RC Logger의 RC 아이 원 엑스트림

브러시리스 모터를 사용해 최고의 안정성과 운동성을 발휘

파워와 속도제어에 뛰어난 브러시리스 모터를 사용함으로서 전장 22.5cm의 소형기이면서 100g의 적재량을 실현. 6축 센서와 고도 센서를 갖추어 발군의 안정성·운동성을 발휘한다. 또한 비행연습 때는 「비기너 모드」, 항공촬영 때는 「스포츠 모드」, 스피드 비행을 할 때는 「엑스퍼트 모드」를 선택하는 등, 즐기는 방법도 다양하다.

Recommend
1. 6축 센서와 고도 센서를 통해 안정된 비행이 가능
2. 초보자부터 숙련자까지 즐길 수 있는 세 가지 비행모드
3. 소형이면서 액션 카메라 탑재가 가능

별매인 「에어 리얼 키트」 (8만원)을 같이 사용하면 GoPro 등의 액션 카메라도 탑재 가능.

DATA
- 가격:25만원 ■ 크기:폭225mm×깊이255mm×높이80mm(로터 제외) 무게157g(배터리 제외) ■ 비행시간:5~7분
- 배터리:7.4V 800mAh 리튬폴리머 ■ 전파도달거리:약120m레드 ■ 문의:하이테크 멀티플렉스 저팬
- URL:http://www.hitecrcd.co.jp/products/rclogger/xtreme/

초급기종

G-FORCE
Soliste HD
G-FORCE의 솔리스트 HD

HD 카메라를 탑재한
항공촬영 입문기종

HD 카메라 탑재 외에, 기체 방향에 관계없이 조종자 쪽에서 본 방향으로 기체를 움직일 수 있는「오리엔테이션 모드」, 버튼 하나로 기체가 조종자한테 돌아오는「리턴 모드」같은 편리기능도 충실. 수준에 맞춰 3단계로 조정감도를 조절할 수 있는 등, 항공촬영 초보자가 실력을 향상시키기 위한 파트너로 어울리는 기종이다.

Recommend

❶ 조정기 스위치로 리모트 촬영 가능

❷ 초보자에게 잘 맞는「오리엔테이션 모드」탑재

❸ 가격에 비해 충실한 항공촬영 기능

부속된 카메라 장치의 렌즈부분은 가동식이어서 좋아하는 각도로 촬영할 수 있다.

DATA

- 가격:13만원 ■ 크기:폭304mm× 깊이304mm× 높이84mm 무게82.5g(배터리 제외) ■ 카메라:200만 화소/1280×720픽셀
- 비행시간:약7~8분 ■ 배터리:3.7V 400mAh 리튬폴리머 ■ 전파도달거리:약120m ■ 문의:지-포스
- URL:http://www.gforce-hobby.jp/products/GB221.html

TEAD
Alien-X6
TEAD의 에일리언-X6

200만 화소의 동영상 촬영을 즐길 수 있는 항공촬영 입문으로 제격인 취미기종

전장 20cm의 소형기체이지만 로터 6개를 탑재해 안정감 있는 비행성능을 갖춘 헥사콥터. 기본사양인 카메라는 200만 화소의 HD품질, 상공 70m(※)까지 비행가능 거리 등, 본격적인 항공촬영 도전에 딱 맞는 재원도 믿음직스럽다. 2015년도 도쿄 기프트쇼에서 신제품 콘테스트 대상을 수상하기도 했다.

※시야 범위 바깥으로 드론을 날리는 일은 금지되어 있다.

Recommend
❶ 손바닥 사이즈의 기체로 200만 화소 HD동영상 촬영이 가능
❷ 배터리가 2개 들어가 장시간 비행이 가능!
❸ 6개의 로터가 안정적인 비행을 확보

조정기의 버튼 하나로 360도 플립을 할 수 있는, 뛰어난 운동 성능도 매력.

DATA
- 가격:12만원 ■ 크기:폭130mm×깊이200mm×높이40mm 무게61g ■ 카메라:200만 화소/1280×720픽셀
- 비행시간:약6~8분 ■ 배터리:3.7V 520mAh 리튬폴리머 ■ 전파도달거리:약70m ■ 문의:TEAD
- URL:http://shop.tead.jp/shopdetail/000000001274/ct38/page1/order/

초급기종

Parrot
Airborne Night
Parrot의 에어본 나이트

곡예기술로 스피드한 비행능력을 자랑하는 소형기종

프랑스 Parrot사의 미니 드론 시리즈 최신작은 대형기종에도 사용되는 고도의 센서를 탑재. 최고시속 18km의 스피드한 비행, 스마트폰이나 태블릿 화면을 터치하는 것만으로 턴을 결정하는 아크로바트 비행 등도 손쉽게 연출해 준다. 또한 보디 하부에는 수직 카메라가 장착되어 있어서 조종하는 모습을 공중에서 셀카 찍듯이 찍는 것도 가능하다.

Recommend
1. 약 25분의 급속충전으로 몇 번이라도 비행이 가능
2. 개성 넘치는 3종 컬러 라인업
3. 육상기, 수상기 등의 시리즈 라인업 겸비

밝기 조정이 가능한 2개의 고출력 LED 라이트가 특징. 점멸시킴으로서 시그널을 보내는 것도 가능하다.

DATA
- 가격:19만원 ■ 크기:폭150mm×깊이150mm×높이78mm 무게54g(헐hull 비장착시)
- 카메라:30만 화소/480×640픽셀(정지화면만) ■ 비행시간:약7~9분 ■ 배터리:3.7V 550mAh 리튬폴리머
- 전파도달거리:약20m ■ 컬러:SWAT, Mac Lane, Blaxe ■ 문의:Parrot
- URL:http://www.parrot.com/jp/products/airborne-night-drone/

해피넷
롤링팬텀 NEXT

바닥, 천정, 벽을 종횡무진으로 달리는 개성파 취미기종

서로 마주보는 2개의 로터를 가진 헬리콥터형 드론. 최대 특징인 회전형 프레임을 통해 바닥이나 벽을 달리거나 벽을 오르는 등, 놀이 요소가 만점인 비행이 가능하다. 또한 탄력이 뛰어난 소재로 만들어진 프레임에는 기체가 가구 등에 부딪쳤을 때 손상을 방지해 주는 역할도 있다.

Recommend

❶ 롤러 프레임으로 자유자재의 비행이 가능

❷ 급격한 상승하강을 억제한 트레이닝 모드 탑재

❸ 낙하 후에도 본체는 위쪽을 향하고 있어서 바로 비행이 가능

DATA
- 가격:7만원 ■ 크기:폭200mm×깊이175mm×높이175mm 무게40g ■ 비행시간:4~5분 ■ 배터리:소형알카리건전기 6개(별매)
- 전파도달거리:약2.5~3m ■ 컬러:스카이블루, 버닝레드 ■ 문의:해피넷
- URL:http://www.happinettoys.com/contents/airhog/rolling_phantom_next/

| 중급기종 |

DJI
Phantom 3 Advanced

DJI의 팬텀 3 어드밴스드

비행이나 항공촬영 모두 쾌적한 "스마트 드론"

팬텀 시리즈 최신작은 첨단 기체제어 시스템으로 취미 영역을 완전히 넘어선 비행이 가능해졌다. 초음파와 영상 데이터로 기체를 제어하는 「비전 포지셔닝 기능」이나 GPS+GLONASS(러시아의 위치측정 시스템)에 의한 고밀도 기체 위치측정 시스템 등, 안정적인 비행을 서포트하는 기능이 충실하다. 또한 유효화소수 1200만 화소, FHD 동영상 촬영가능(Professional은 4K 동영상) 같이 항공촬영 애호가를 설레게 할 만한 하이재원 카메라도 주목할 만하다.

Point 이전 모델보다 비행성능을 25% 향상시킴

모터 성능을 끌어내는 부품인 ESC나 배터리를 고품질 제품으로 바꿈으로서 날렵하고 응답성 좋은 조작, 장시간 비행이 가능하다.

Point 떨림이 없고 기울어짐이 없는 3축 짐벌

기체와 카메라를 연결하는 것은 고성능 3축 짐벌. 항공촬영 중에 바람 등에 의해 기체가 흔들려도 촬영 동영상은 전연 떨림이나 기울어지는 것을 못 느끼는 뛰어난 완성도를 자랑한다.

Recommend

❶ 3축 짐벌+고성능 카메라로 프로 퀄리티의 항공촬영이 가능
❷ 어플을 사용해 감각적으로 카메라 제어, 비행 설정이 가능
❸ 최대조작 범위 2km, 약23분의 장시간 비행으로 폭이 넓어진 항공촬영

Point — 비행 전에 시뮬레이터로 연습을 할 수 있다

전용 어플은 기체 조작이나 동영상 편집 같은 기능 외에 「비행 시뮬레이터」 기능도 탑재. 야외에서 띄우기 전의 연습을 통해 사고를 줄이는데 도움이 될 것이다.

DATA

■ 가격:130만원 ■ 크기:폭590mm×깊이590mm×높이185mm 무게1,280g ■ 카메라:1,240만 화소/1,920×1,800픽셀(정지화면4,000×3,000픽셀) ■ 비행시간:약23분 ■ 배터리:15.2V 4,480mAh 리튬폴리머 ■ 전파도달거리:약2,000m
■ 문의:세키도 ■ URL:http://www.sekido-rc.com/?pid=88705099

중급 기종

Nine Eagles
GALAXY VISITOR 7
Nine Eagles의 갤럭시 비지터 7

비지터 시리즈 최초의 FHD 카메라 탑재 기종

갤럭시 비지터 시리즈 최신작인 이 기종은 FHD 동영상 촬영이 가능해졌다. 전장 24cm인 기체는 초급~중급자도 다루기가 쉬워서 가볍게 항공촬영 퀄리티를 올리고 싶은 유저에게 있어서는 고대하던 모델이 아닐 수 없다. FVP일 때의 동영상 퀄리티도 좋아져 박력 넘치고 생생한 현장감을 통해 비행이 더 재미있게! 향후 어플을 업데이트함으로서 스마트폰에 의한 조종도 가능해지는 등, 더 한층 기능이 향상될 가능성도 있다.

실내 연습도 가능한, 적당한 크기가 매력

고품질 항공촬영이 가능한 모델이면서 실내 연습도 가능한 소형 사이즈여서 조작을 충분히 익히고 나서 항공촬영에 나설 수 있다.

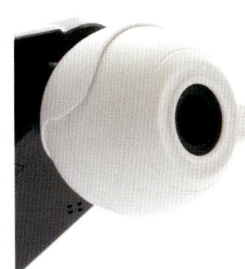

카메라 디자인도 버전 업

카메라 부분이 미래지향적인 구형 디자인으로 변화. 세련된 모노톤의 카메라 링과 샤프한 스타일도 매력적이다.

Recommend

❶ 200만 화소, FHD대응 고성능 카메라 탑재
❷ 시리즈 최고의 아름다움을 자랑하는 FPV 기능
❸ 어플을 사용해 동영상 데이터를 스마트폰으로 간단히 전송

Part 5 레벨별 추천 드론 카탈로그

Point 안심설계
로터 아래의 착륙용 암 끝에는 충격흡수용 실리콘 러버를 장착해 착륙할 때의 충격을 흡수해 준다.

DATA

- 가격:미정 ■ 크기:폭241mm×깊이241mm×높이72mm 무게130g ■ 카메라:200만화소/1920×1080픽셀
- 비행시간:약10분 ■ 배터리:3.7V 700mAh 리튬폴리머 ■ 전파도달거리:약120m
- 문의:하이텍 멀티플렉스 저팬 ■ URL:http://www.hitecrcd.co.jp/

> 중급기종

Parrot
Bebop Drone
Parrot의 비밥 드론

1400만 화소의 어안(魚眼)렌즈를 장착한「하늘을 나는 카메라」

보디 정면에 장착되어 있는 카메라는 1400만 화소 FHD 대응이라는 고성능과 최신 화상안정 기술을 갖추고 놀라울 만큼 안정적으로 떨림 없는 영상을 촬영할 수 있다. 기체조종에도 고도의 기술을 적용하는 한편, 어플로 루트를 설정하면 GPS를 사용해 자율비행이 가능한「비행 플랜(공개예정)」등, 편리한 기능이 많다.

Recommend

❶ 스마트폰 어플을 사용한 직감적인 조작

❷ GPS를 사용한 자동복귀기능을 탑재

❸ 최신기술로 흔들림이나 떨림이 없는 안정적 항공촬영

별매인 조정기「스카이 컨트롤러」(75만원)를 사용하면 최대통신범위가 2km로 넓어진다.

DATA
- 가격:76만원 ■ 크기:폭280mm×깊이320mm×높이36mm 무게400g(hull 비장착시) ■ 카메라:1400만화소/1920×1080픽셀(정지화면4096×3072픽셀) ■ 비행시간:약11분 ■ 배터리:4.7V 1200mAh 리튬폴리머 ■ 전파도달거리:약250m
- 컬러:레드, 블루, 옐로우 ■ 문의:Parrot ■ URL:http://www.parrot.com/products/bebop-drone/

Parrot
AR.Drone 2.0 Elite Edition
Parrot의 AR.드론 2.0 엘리트 에디션

Wi-Fi를 통해 직감 조작
항공촬영이나 곡예비행도 가능

9축 센서 외에 기압계, 초음파 고도센서를 탑재함으로서 지표의 높낮이가 불균형한 아웃도어에서도 호버링이 가능할 만큼 안정된 비행성능을 자랑한다. 또한 전용 어플을 통해 「AR.드론 아카데미」 커뮤니티에 등록하면 비행 데이터를 공유하는 식으로 전 세계 유저들끼리 교류를 즐길 수도 있다.

Recommend

❶ 최신 디자인의 로터가드로 안전한 비행이 가능

❷ 항공촬영 영상을 스마트폰에 직접 녹화가 가능

❸ Wi-Fi를 통한 커뮤니티로 비행 데이터를 공유

Point 남심(男心)을 설레게 하는 멋진 위장계열 컬러

카키와 블랙의 「정글」, 베이지와 블랙의 「샌드」, 화이트와 블랙의 「스노우」 3가지 색을 라인업.

DATA
- 가격:42만원(세금포함) ■ 크기:폭520mm×깊이515mm×높이115mm 무게455g(실내 hull사용시)
- 카메라:92만화소/1280×720픽셀 ■ 비행시간:약12분 ■ 배터리:11.1V 1000mAh 리튬폴리머 ■ 전파도달거리:약50m
- 컬러:스노, 정글, 샌드 ■ 문의:Parrot ■ URL:http://ardrone2.parrot.com/

> 중급기종

Lily Robotics
Lily Camera
Lily Robotics의 릴리 카메라

공중으로 던지면 쫓아오는
셀피용 항공촬영 드론

조정기를 사용해 조작하는 것이 아니라 트래킹 장치를 가진 유저를 자동으로 쫓아오면서 동영상이나 정지화면을 촬영하는 셀카 전용 드론. 고도나 피사체로부터의 거리, 촬영 앵글 등은 어플에서 설정할 수 있다. 완전방수이기 때문에 수면에서 이륙시키거나 착륙시키는 등, 지금까지는 어려웠던 촬영도 가능하게 해준다.

Recommend
1. 자동접근·동촬영 기능 탑재
2. 완전방수라 수면에서의 이륙·착륙도 가능
3. 초고속도 40km의 파워풀한 운동성능

웃는 것처럼 보이는 부분은 현재 상태를 표시하는 LED 라이트, 입으로 보이는 부분이 카메라이다.

DATA
- 가격:160만원(세금포함) ■ 크기:폭261mm×깊이261mm×높이81.8mm 무게1300g
- 카메라:1200만화소/1920×1080픽셀(정지화면:4000×3000픽셀) ■ 비행시간:약20분 ■ 리튬이온충전지
- 전파도달거리:약30m ■ 문의:도모어 ■ URL:http://domore.shop-pro.jp/

Quest
Auto Pathfinder CX-20
Quest의 오토 패스파인더 CX-20

스로틀 조작에 민감한 경험자용 중급기종

수신기 기종을 직접 고르거나 PC를 사용해 세팅하는 등, RC조작을 좀 더 깊이 도전하고 싶은 사람에게 추천할 만한 기종이다. 자이로로 자세만 제어하는「Attitude」모드는 순수하게「날리는 즐거움」을 맛볼 수 있다. 물론 GPS제어에 따른 뛰어난 조작보조 모드도 갖추고 있다.

Recommend

① 국산조정기를 사용한 본격 스로틀 조작이 즐겁다

② 편리한 리턴 투 홈 기능도 내장

③ 확실한 애프터서비스는 또 다른 세일 포인트

송/수신기가 포함된 세트를 구입하면 기체와 조정기의 세팅이 끝난 상태에서 받아볼 수 있다.

DATA
- 가격:40만원~(송/수신기 미포함) ■ 크기:폭300mm×깊이300mm×높이200mm 무게825g ■ 비행시간:약10분
- 배터리:3.7V 2700mAh 리튬폴리머 ■ 전파도달거리:약1000m(송/수신기 별) ■ 문의:퀘스트 코포레이션
- URL:http://quest-co.jp/rc/multi.html

상급기종

DJI
INSPIRE 1
DJI의 인스파이어 1

비행이나 항공촬영
모두 프로스펙인 상급기종

4K 비디오 대응 1200만 화소나 되는 고성능 카메라, 아무런 떨림을 느끼지 않는 3축 짐벌이 프로 퀄리티의 아름다운 항공촬영을 가능하게 해준다. 필요한 것이 모두 포함된 RTF(Ready to Fly) 패키지이기 때문에 구입한 그날부터 비행을 즐길 수 있다. 또한 모노톤으로 통일된 스타일리시한 디자인의 기체에는 GPS나 초음파 센서 같은 다양한 제어 시스템이 탑재되어 있기 때문에 인도어나 아웃도어 모두 뛰어난 안정감을 발휘한다.

Point 띄우기 쉽지만 주의도 필요

충실한 조작보조 시스템을 갖추고 있어서 취급 편리성이 매력적인 기종이지만 3kg이나 나가는 무게 때문에 비행할 때는 주위환경에 세심한 주의가 필요하다.

Point 촬영 각도는 자유자재!

부속된 짐벌은 수평방향으로 360도 회전이 가능할 뿐만 아니라 동작도 매끄럽다. 이륙할 때 카본 암이 위로 올라가기 때문에 암이나 로터가 촬영화면에 들어갈 걱정도 없다.

Recommend

❶ 4K/1200만 화소 카메라와 3축 짐벌이 프로 퀄리티의 항공촬영을 가능하게

❷ 항공촬영을 보조해 주는 다양한 비행모드를 완비

❸ 오토로 이착륙이 가능

조정기 2대를 세트로 구입하면 조종담당자와 촬영담당자로 나누어 항공촬영을 할 수 있는 듀얼 오퍼레이팅도 가능하기 때문에 더욱 고품질 촬영이 가능하다.

Part 5 수준별 추천 드론 카탈로그

DATA

- 가격:380만원(2파일럿용 450만원) ■ 크기:폭438mm×깊이451mm×높이3018mm 무게2935g
- 카메라:1200만화소/4096×2160픽셀(정지화면:4000×3000픽셀) ■ 비행시간:약18분 ■ 배터리:22.8V 5700mAh 리튬폴리머
- 전파도달거리:약2000m ■ 문의:세키도 ■ URL:http://www.sekido-rc.com/?pid=83438061

상급기종

ALIGN
M690L

프로급 항공촬영이 가능한 헥사콥터

RC 헬리콥터 메이커로 유명한 얼라인사 제품의 멀티콥터. 시리즈 최상급 모델인 이 기종은 6개의 로터를 탑재해 2kg 가까이 나가는 페이로드(적재량)을 담보함으로서 프로도 사용하고 있다. 이 시리즈의 기체(M60L, M480L, M470)는 사용자에게 일정한 기능을 요구하기 때문에 판매처인 히로텍에서 안전강습회나 강연 이벤트에 참가해야만 구입이 가능. 정확한 지식과 기능을 몸으로 익혀야만 비로소 매력을 만끽할 수 있는 기체이다.

Point

프로용 카메라에 대응하는 짐벌을 장착할 수 있다

대략 2kg의 기자재를 탑재할 수 있기 때문에 프로사양의 짐벌과 카메라 장착이 가능. 적재량에 여유가 있는 만큼 탑재할 수 있는 기자재를 자유롭게 선택할 수 있어서 다양한 카메라 촬영이 가능하다.

Recommend

❶ 철저히 계산된 기체 디자인이 안정적인 항공촬영을 실현

❷ 메인터넌스하기 좋은 심플한 구조

❸ 짐벌을 사용할 때 SLR(Single Lens Reflex) 카메라 탑재가능

Point 조용하고 파워풀한 브러시리스 모터를 사용

최신 브러시리스 모터는 얼라인사의 기술력을 집약시켜 고출력, 고효율, 에너지 절약을 실현. 짐벌과 SLR 카메라를 탑재한 상태에서도 약10분이나 되는 비행을 가능하게 했다.

DATA

- 가격:180만원(세금포함) ■ 크기:폭800mm× 깊이800mm× 높이430mm 무게2700g(본체만) ■ 비행시간:약10분
- 배터리:22.2V 5200mAh 리튬폴리머 ■ 문의:히로텍 ■ URL:http://t-rex-jp.com/multi_coptor.html

상급 기종

ALIGN
M480L
얼라인(히로텍) M480L

프로가 사용하는 것을
전제로 한 고성능 모델

얼라인사의 멀티콥터 시리즈 중 간판 기종. 고성능 플라이트 컨트롤러를 사용해 안정성을 확보하면서 상급기종인 M690L 보다 기동성이 뛰어나다. 또한, GPS 등을 활용한 몇 가지 플라이트 모드를 갖추고 있어서 항공촬영할 때 충분한 보조 역할을 한다. 단순하고 유지 보수가 쉬운 기체, 갖고 다니기 편리한 접이식 설계, 배터리 등의 확장성과 어떤 기능을 택해도 프로가 사용하기에 충분한 뛰어난 퀄리티를 실현하고 있다.

흔들림이 없다!
고성능 짐벌 탑재 가능

고도의 제어 시스템을 가진 3축 브러시리스 짐벌 G3-GH(별매, 180만 원)를 탑재하면 싱글렌즈 리플렉스 카메라를 사용한 항공 촬영도 가능! 프로 퀄리티의 매끄럽고 아름다운 영상을 촬영할 수 있다.

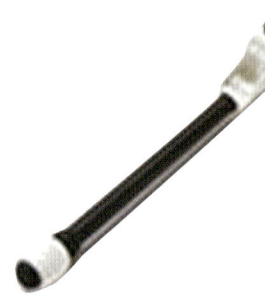

Recommend

❶ 철저히 계산된 기체 디자인이 안정적인 항공촬영을 실현
❷ 유지 보수가 뛰어난 단순한 구조
❸ 짐벌을 사용할 때 싱글렌즈 리플렉스 카메라 탑재가 가능

Point — **조용하고 심플한 브러시리스 모터를 사용**

최신 브러시리스 모터는 ALIGN사의 기술력을 결집시켜 고성능, 고효율, 저연비를 실현. 짐벌과 싱글렌즈 리플렉스 카메라를 탑재한 상태에서도 약 10분이나 되는 오랜 시간동안 비행을 가능하게 했다.

DATA

- 가격:188만 원(세금포함) ■ 크기:폭800mm×깊이800mm×높이430mm 무게2700g(본체만) ■ 비행시간 : 약10분
- 배터리:22.2V 5200mAh 리튬폴리머 ■ 문의:히로텍 ■ URL:http://t-rex-jp.com/multi_coptor.html

상급기종

ALIGN
M470

시리즈 최소 사이즈이면서도
안정적인 비행능력을 발휘

암이나 착륙 기어를 짧게 만든 소형 사이즈의 기체이지만 파워 소스나 컨트롤 장치는 상위 모델과 똑같은 것을 탑재. 또한 GoPro 전용 디지털 짐벌을 표준으로 장착하고 있기 때문에 같은 시리즈의 다른 기체와 비교해 적절하게 항공촬영을 즐길 수 있는 뛰어난 가격대비 성능비도 매력적이다.

Recommend

❶ 동일 시리즈의 대형기종과 똑같은 PCU를 탑재

❷ 모터 컨트롤 짐벌을 표준으로 장비

❸ 소형기종이기에 가능한 기동성을 살린 항공촬영이 가능

소형이면서도 본격적인 모터 컨트롤을 사용하는 GoPro 전용 짐벌 G2(부속). 안정적인 동영상 촬영이 가능.
※카메라는 별매

DATA
- 가격:150만원(세금포함) ■ 크기:폭710mm×깊이710mm×높이266mm 무게2500g(본체만) ■ 비행시간:약10분
- 배터리:22.2V 5200mAh 리튬폴리머 ■ 문의:히로텍 ■ URL:http://t-rex-jp.com/multi_coptor.html

JR PROPO
NINJA 400MR
JR PROPO의 닌자 400MR

비행의 즐거움을 추구한 기교파 멀티콥터

비행할 때의 안정성이나 항공촬영 성능에 주로 주목하게 되는 멀티콥터 세계에서 곡예비행 같은 3D 비행을 즐길 수 있게 특화한 개성파 기종. 스틱 조작으로 모터의 정회전과 역회전을 신속하게 전환할 수 있는 시스템을 탑재함으로서 배면비행, 플립 같은 민첩한 움직임이 가능. 6축 센서로 안정적인 비행이 가능하다는 점도 포인트이다.

Recommend
❶ 기발한 3D 비행을 가능하게 하는 뛰어난 운동성
❷ 조종 기술을 향상시키기에 딱 좋은 기체
❸ 클리어 보디 파츠를 도장하면 오리지널 컬러를 즐길 수 있다

공중을 자유자재로 날아다니는 자세는 이름 그대로 「닌자」답다. 순 일본산 드론다운 정밀한 조작성이 매력 포인트.

DATA
- 가격:60만원~ ■ 크기:폭400mm×깊이400mm(모터 축간)×높이70mm 전체장비무게880g ■ 비행시간:3~5분
- 배터리:11.1V 2200mAh(추천) 리튬폴리머 ■ 전파도달거리:800~1000m ■ 컬러:레드&블루, 그린&옐로우
- 문의:일본원격제어 헬리콥터사업부 ■ URL:http://www.jrpropo.co.jp/jpn/heli/ninja/

어디까지 날릴 수 있을까?!
비행성능 비교표

기종에 따라 제각각 다른 비행 성능. 초급기종, 중급기종, 상급기종 각각의 주요 기종 비행성능을 비교해 보았다.

초급기종	비행시간	전파도달거리
GALAXY VISITOR 8 갤럭시 비지터 8	10 min	100m
콰트록스 **ULTRA** 콰트록스 울트라	8 min	25~30m
RC EYE One Xtreme RC 아이 원 엑스트림	5~7 min	120m
Soliste HD 솔리스트 HD	7~8 min	200m
Alien X-6 에일리언 X-6	6~8 min	70m
Airborne Night 에어본 나이트	7~9 min	20m

중급기종

	비행시간	전파도달거리
Phantom 3 ADVANCED 팬텀 3 어드밴스드	23 min	2000m
GALAXY VISITOR 7 RC 아이 원 엑스트림	10 min	120m
Bebop Drone 비밥 드론	11 min	250m
AR.Drone 2.0 Elite Edition AR.드론 2.0 엘리트 에디션	12 min	50m
Auto Pathfinder CX-20 오토 패스파인더 CX-20	15 min	1000m

상급기종

	비행시간	전파도달거리
INSPIRE 1 인스파이어 1	18 min	2000m
NINJA 400MR 닌자 400MR	3~5 min	800~1000m

Part 5 레벨별 추천 드론 카탈로그

액션 카메라

가장 익사이팅한 항공촬영을 위한
액션 카메라 카탈로그

갖고 있는 기체가 탑재 카메라를 마음대로 바꿀 수 있는 종류라면 카메라를 바꿔가면서 항공촬영을 더 재미있게 즐길 수 있다.
카메라를 고르는 가운데 주의해야 할 것이 기체의 페이로드(적재량)이다.
페이로드는 기체에 따라 약100g~10kg까지 다양하기 때문에 갖고 있는 기체의 페이로드를 잘 파악한 뒤 카메라나 짐벌을 선택하도록 합니다.
미러리스나 디지털 렌즈 등, 중량이 나가는 카메라를 탑재할 경우에는 중~대형의 상급기종이 필요하다.
어떤 수준의 항공촬영을 할 것인지 목적이 확실하다면 기체와 카메라, 짐벌 등을 선택하기가 쉽다.

기체에 카메라를 탑재하려면 짐벌이 필요하다. 짐벌이란 전자제어로 카메라 방향을 항상 수평으로 유지함으로서 항공촬영을 할 때 떨림을 줄이는 역할을 하는 장비를 말한다. 스태빌라이저라고도 부른다. 제품에 따라 2축, 3축으로 짐벌 축의 수량에 차이가 있는데, 일반적으로는 축수가 많을수록 떨림이 적은, 안정적인 동영상을 촬영할 수 있다.

=4K대응 =FHD대응 =방수대응 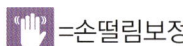=손떨림보정

GoPro | HERO4 Black Adventure
GoPro 히어로4 블랙 어드벤처

4K/30fps로 다이내믹한 영상

액션 카메라 브랜드의 대표주자인 GoPro의 최상위 모델은 최대 유효화소수 1200만 화소, 4K/30fps, FHD/120fps나 되는 하이재원으로, 구석구석까지 샤프하고 현장감 넘치는, 아름다운 항공촬영을 가능하게 해준다.

Recommend

❶ 무료 어플이나 스마트 리모트(별매)로 각종 설정을 간단하게 처리
❷ 방수·방진·내충격 케이스를 표준으로 장비

DATA
- 가격:64만원 ■ 유효화소수:1200만 화소 ■ 최고촬영 해상도:3840×2160픽셀 ■ 동영상 포맷:MP4
- 프레임 레이트:30fps(4K일 때) 120fps(FHD일 때) 등 ■ 기록장치:microSD, microSDXC ■ 무게:88g
- 문의:마쯔다모터 코퍼레이션 ■ URL:http://www.tajima-motor.com/gopro/

SONY | Action Cam FDR-X1000V
SONY 액션 캠 FDR-X1000V

4K/30fps로 다이내믹한 영상

액션 카메라 브랜드의 대표주자인 GoPro의 최상위 모델은 최대 유효화소수 1200만 화소, 4K/30fps, FHD/120fps나 되는 하이재원으로, 구석구석까지 샤프하고 현장감 넘치는, 아름다운 항공촬영을 가능하게 해준다.

Recommend

❶ 무료 어플이나 스마트 리모트(별매)로 각종 설정을 간단하게 처리
❷ 방수·방진·내충격 케이스를 표준으로 장비

DATA
- 가격:64만원 ■ 유효화소수:1200만 화소 ■ 최고촬영 해상도:3840×2160픽셀 ■ 동영상 포맷:MP4
- 프레임 레이트:30fps(4K일 때) 120fps(FHD일 때) 등 ■ 기록장치:microSD, microSDXC ■ 무게:88g
- 문의:마쯔다모터 코퍼레이션 ■ URL:http://www.tajima-motor.com/gopro/

액션 카메라

Contour | ROAM3
컨투어 롬3

FHD 대응의 방수 스타일리시 모델

알루미늄 재질의 스마트한 보디는 하드한 사용환경에 견딜 수 있는 견고함이 자랑. 270도 회전하는 렌즈를 다 사용하면 어떤 상황에서도 이상적인 화면제작이 가능하다.

Recommend
1. 270도 회전하는 렌즈로 이상적인 화면제작을 구현
2. 전용 어플로 스마트하게 동영상을 편집·관리

DATA
- 가격:오픈 ■ 유효화소수:500만 화소 ■ 최고촬영 해상도:1920×1080픽셀 ■ 동영상 포맷:MP4
- 프레임 레이트:30~120fps ■ 기록장치:microSD(SDHC 컨버터블) ■ 무게:145g ■ 문의:주식회사 미키모토
- URL:http://www.contour.jp/

ELMO | QBiC MS-1
ELMO 큐빅 MS-1

아름다운 최대 185도의 초광각 렌즈

초광각 렌즈로 다이내믹한 항공촬영이 가능할 뿐만 아니라 전용 어플로 노출이나 화이트 밸런스 등의 조정도 가능. 93g의 가벼운 보디는 탑재하는 기체도 구애받지 않는다.

Recommend
1. Wi-Fi 접속으로 스마트폰·PC에 간단히 데이터를 보존
2. 사방 약5cm의 소형 보디이지만 FHD 동영상 촬영이 가능

DATA
- 가격:오픈 ■ 유효화소수:약500만 화소 ■ 최고촬영 해상도:1920×1080픽셀 ■ 동영상 포맷:MP4 ■ 프레임 레이트:30~240fps ■ 기록장치:microSD, microSDHC, microSDXC ■ 무게:93g ■ 문의:ELMO ■ URL:http://www.elmoqbic.com/

RICOH | WG-M1

케이스가 필요 없는 터프함과 심플 제작

대형 버튼을 사용해 초보자도 쉽게 다룰 수 있는 심플한 조작방법이 특징. 사진·영상제품의 세계적인 상인 TIPA 어워드에서 베스트 액션캠상을 수상한 명품이다.

Recommend

① 약1400만 화소의 고화질 모델
② 스마트폰과 Wi-Fi로 접속해 간편하게 촬영·재생·편집이 가능

DATA
- 가격:오픈 ■ 유효화소수:1400만 화소 ■ 최고촬영 해상도:1920×1080픽셀 ■ 동영상 포맷:MOV/H.264
- 프레임 레이트:30~120fps ■ 기록장치:내장메모리, microSD, microSDHC ■ 무게:190g ■ 문의:리코 이미징 주식회사
- URL:http://www.ricoh-imaging.co.jp/japan/products/wg-m1/

Kodak PIXPRO | SP360
코닥 PIXPRO SP360

360도×214도로 놀랄만한 영상체험

초광각 렌즈 사용으로 마치 하늘을 날고 있는 것 같은 박력 넘치는 항공촬영이 가능하다. NFC를 탑재한 스마트폰이 있으면 원터치로 접속할 수 있는 편리함도 매력 포인트!

Recommend

① 하늘에서 전체를 조망하듯이 360도 전체 영상촬영이 가능
② 저속도·고속도 촬영 등 충실한 촬영기능

DATA
- 가격:오픈 ■ 유효화소수:1636만 화소 ■ 최고촬영 해상도:1920×1080픽셀:30~120fps(프런트모드) ■ 동영상 포맷:MP4
- 기록장치:microSD, microSDHC ■ 무게:103g(본체만) ■ 문의:매스프로전공 ■ URL:http://www.maspro.co.jp/products/pixpro/

미니 드론

손바닥만 한 크기의 귀여운 드론
미니미니 드론

소형 크기로 얼마든지, 어디든지 날릴 수 있는 미니미니 드론.
실내에서의 연습은 물론이고
야외에서의 비행도 즐길 수 있는 귀여운 드론으로 놀아보자!

콰트록스 Wiz KYOSHO EGG

첫 드론 촬영을 체험!

30만 화소, 468×240픽셀짜리 카메라를 탑재한, 가장 손쉽게 항공촬영에 도전할 수 있는 기종 가운데 하나이다. 6축 센서와 간이 전자마그네틱 콤파스를 내장하고 있기 때문에 생각한대로 안정적인 비행·항공촬영이 가능! 드론의 기능을 한번 체험해 볼 생각이라면 먼저 이 기종을 추천.

12.5cm

DATA
- 가격:9만원 ■ 크기:폭125mm×깊이125mm×높이40mm 무게40g ■ 카메라:30만 화소/468×240픽셀 ■ 비행시간:약6분
- 배터리:3.7V 350mAh 리튬폴리머 ■ 전파도달거리:약25~30m ■ 컬러:레드, 화이트 ■ 문의:교쇼
- URL:http://kyoshoegg.jp/toy_rc-drone.html

콰트록스 KYOSHO EGG

비행의 즐거움을
추구하는 기교파 멀티콥터

버튼 하나로 고속 플립을 연출하는 등, 작은 보디에 뛰어난 운동능력을 발휘하는 콰트록스. 6축 센서 탑재, 선택 가능한 스피드 모드, 로터가드 부속 등, 초보자가 안심하고 실내에서 연습하기 위한 기능이나 장비가 충실하다.

DATA
- 가격:6만원 ■ 크기:폭66mm×깊이72mm×높이24mm 무게10.5g ■ 동력:내장배터리 ■ 전파도달거리:약10~15m
- 컬러:레드, 블랙, 실버 ■ 문의:쿄쇼 ■ URL:http://kyoshoegg.jp/toy_rc-drone.html

Hubsan X4 HD KYOSHO EGG

200만 화소의 HD 카메라
대만족의 공중 촬영 기능

200만 화소의 HD 카메라를 탑재하고 미니 드론이라고는 생각하지 못할 만큼의 고품질 항공촬영을 가능하게 한 입문 모델. 기체 제어에는 고성능 6축 센서를 사용하고 있기 때문에 쾌적한 조작성을 기대할 수 있다.

DATA
- 가격:11만원 ■ 크기:폭83mm×깊이84mm×높이33mm(로터 제외) 무게51g ■ 카메라:200만 화소/1280×720픽셀
- 비행시간:약6분 ■ 배터리:3.7V 380mAh 리튬폴리머 ■ 전파도달거리:약100m ■ 컬러:블랙레드, 블랙그린, 와인레드
- 문의:G-FORCE ■ URL:http://www.gforce-hobby.jp/products/H107C.html

미니 드론

도유사 스파이더 Ⅱ

13.3cm

수준에 맞춰
선택할 수 있는 스피드 모드

도유사의 인기 기종인 「스파이더」의 후속모델. 정평이 난 안정성은 그대로, 2단계 스피드 실렉트, 고속공중 회전 같은 특수적인 요소가 강화되었다. 또한 로터가드도 새롭게 첨부되어 실내 비행이 더 안전해졌다.

DATA
- 가격:65,000원 ■ 크기:폭133mm×깊이133mm×높이31mm 무게36.4g ■ 비행시간:약6분
- 배터리:3.7V 250mAh 리튬폴리머 ■ 전파도달거리:약30m ■ 컬러:블랙, 화이트(모드1)블루, 레드(모드2)
- 문의:도유사 ■ URL:http://www.doyusha-model.com/list/radiocontrol/spider2_rc.html

Q4i ACTIVE 위켄더(하이텍 멀티플렉스 저팬) Q4i 액티브

9cm

약간의 조립변경으로
벽을 달린다!

새로운 조작감각이 매력
파츠만 교체해 노멀, 세이프티, 트래블링, 빅 휠로 모드 변경이 가능! 그 중에서도 바퀴를 장착하는 트래블링, 빅 휠 모드에서 벽을 타고 오르는 등 색다른 감각의 주행을 만끽!

DATA
- 가격:13만원 ■ 크기:폭90mm×깊이90mm×높이35mm(노멀모드) 무게64g ■ 카메라:100만 화소/1280×720픽셀
- 비행시간:약5~7분 ■ 배터리:3.7V 450mAh 리튬폴리머 ■ 전파도달거리:약120m ■ 문의:하이텍 멀티플렉스 저팬
- URL:http://www.hitecrcd.co.jp/products/weekender/q4i_active/

PXY G-FORCE

전장 42mm의 초소형이지만 6축 센서로 안정적인 비행이 가능

귀여운 모습과 달리 뛰어난 성능을 자랑. 작은 보디의 장점을 살려 실내를 종횡무진으로 날아다니며, 조정기에는 초보자 친화적인 감도조종 변경기능도 탑재되어 있다. 또한 레버 조작으로 플립을 보여주는 곡예자로서의 모습도!

DATA
- 가격:5만원 ■ 크기:폭42mm×깊이42mm×높이20mm(로터 제외) 무게12.1g ■ 비행시간:약5분
- 배터리:3.7V 100mAh 리튬폴리머 ■ 전파도달거리:약30m ■ 컬러:블랙, 핑크(모드1)오렌지, 블루(모드2)
- 문의:G-FORCE ■ URL:http://www.gforce-hobby.jp/products/GB201.html

Rexi G-FORCE

인도어 비행에 적합한 내충격성과 정숙성

슬림하고 스타일리시한 기체에는 유연성이 뛰어난 소재를 사용해 뛰어난 내충격성을 확보. 고도의 역학계산을 사용해 성형한 고효율 로터를 사용함으로서 안전하고 조용하게 실내에서 비행을 즐길 수 있다.

DATA
- 가격:55,000원 ■ 크기:폭143mm×깊이143mm×높이40mm 무게16.2g ■ 비행시간:5~6분 ■ 배터리:3.7V 150mAh 리튬폴리머
- 전파도달거리:약50m ■ 컬러:실버, 블루, 오렌지 ■ 문의:G-FORCE ■ URL:http://www.gforce-hobby.jp/products/GB251.html

비행 즐거움을 더 극대화하려면

조정기를 바꾸어 보자

드론 가운데는 조정기(PCS, 이하 리모콘)를 더 뛰어난 시판제품으로 바꿔서 즐기는 경우도 있다.
정밀한 조종감각이나 색다른 즐거움에 빠져들 것이다!

조정기를 바꾸면 이런 점이 바뀐다!

조작성 향상
스틱 조작에 대한 감도가 상당히 높고, 섬세한 조작을 가능하게 함. 손에 딱 맞는 크기나 적당한 무게 감도 메이커 제품다운 맛을 준다!

상세한 설정이 가능
각 스위치에 대한 제동 할당이나 스틱 조작에 대한 동작량 등을 설정할 수 있다. 자신에게 맞는 설정을 하면 실력향상도 바로바로 업!

조정기(PCS)란?

RC세계에서 말하는 PCS(Proportional Control System)란 조정기의 통칭으로서, 기체에 딸린 저가장치부터 200만원을 넘는 고가장치까지 다양한 종류가 있다. 그 차이는 동작을 할당하는 채널수, 통신방법, 조작설정 기능 등에 있다. PCS를 바꿀 때는 먼저 갖고 있는 기체가 별매품인 조정기에 대응하는지 여부를 확인할 필요가 있다. 그리고 기종 선택의 잣대가 되는 것이「채널수」이다. 짐벌 제어나 고도의 비행설정을 하는 경우는 채널수가 많은 것이 좋다.

조정기 카탈로그 초~중급자용 가운데 대표적인 조정기를 소개하겠다.

FLASH8   하이텍 멀티플렉스 저팬 플래시8

기체의 능력을 최대한으로 끌어내는 고성능 모델

4096 스텝이라는 업계최고 클래스의 분해능으로 섬세한 스틱 작동을 실현. 풍부한 설정기능과 직감적인 조작방법이 폭넓은 유저로부터 애용받고 있다.

DATA
- 가격:40만원~ ■ 채널수:8ch ■ 메모리수:30모델
- 문의:하이텍 멀티플렉스 저팬 ■ URL:http://www.hitecrcd.co.jp/

XG14   일본원격제어

실적을 자랑하는 인기 무선 리모콘의 후속모델

선진기능을 탑재해 시리즈 최고봉이라는 평판도 높은 XG11의 프로그램을 계승. 14개의 풍부한 채널수가 커스텀 설정 가능성을 넓혀 준다.

DATA
- 가격:49만원~ ■ 채널수:14ch(12+2ch) ■ 메모리수:30모델
- 문의:일본원격제어 ■ URL:http://www.jrpropo.co.jp/jpn/

14SG   후타바전자공업

드론 조작전용 모드를 탑재

일본을 대표하는 무선조종기기 메이커인 후타바전자공업의 드론 대응 모델. 기체는 물론이고 카메라 짐벌의 조작도 설정할 수 있기 때문에 항공촬영 퀄리티도 높아진다.

DATA
- 가격:65만원~ ■ 채널수:14ch ■ 메모리수:30모델 ■ 문의:후타바전자공업
- URL:http://www.rc.futaba.co.jp/

 인기 드론 FPV 레이스
드론 임팩트 챌린지가 찾아온다!

드론이 인기를 끌면서 관련 이벤트로 증가 중!
그 가운데 2015년 가을에 열리는 자작 드론을 갖고 겨루는
FPV 레이스 「드론 임팩트 챌린지」의 테스트 레이스가 펼쳐졌다.

DIC 테스트 비행& PV촬영 @더 팜

9:00
참가자 모집

대회장에 도착하면 먼저 텐트나 무선기자재 등을 설치한다. 날씨가 덥기 때문에 그늘막 텐트나 냉수는 필수이다!

10:00
테스트 비행 시작

상정 코스를 도는 테스트 비행이 시작. 듣기 좋은 로터 소리를 울리면서 드론이 민첩하게 돌아나가는 모습이 호쾌하기 그지없다!

13:00
프로모션 영상촬영

4기의 드론을 띄워 영상을 촬영. 카메라 감독 요구에 꼼꼼히 응하면서 파일럿의 기량을 최대로 보여준다.

DRONE RACE

◆ 대회정보
- 개최예정일: 2015년 11월 7일(토) 10:00~17:00
- 장소: 더 팜(치바현 가토리시 니시타베 1309-29)
- 주최: 드론 임팩트 챌린지 실행위원회 (http://dichallenge.org/)

해외에서는 드론에 탑재한 카메라를 통해 다이내믹한 비행영상을 즐기는 FPV 레이스가 인기이다. 일본에서도 본격 FPV 레이스인 「드론 임팩트 챌린지(이하 DIC)」 개최를 위한 테스트 비행이 2015년 7월 26일에 지바 가토리시의 아웃도어 시설 『더 팜』에서 개최되었다. 본선을 시작하기 전인 이번 예선의 목적은 비행코스 검토와 프로모션 영상 촬영. 본선에 참가하는 진출자 약15명이 힘을 모았다.

DIC 집행위원회에서는 합법적이고 공평한 레이스를 만들기 위한 규정제정 작업에 주력하고 있으며, 몇 번이고 테스트 비행을 하는 중이다. 상정 코스는 평지를 다이내믹하게 비행하는 오픈 코스와 나무들 사이를 통과하면서 나는 삼림 코스이다. 테스트 비행 중인 드론의 모니터를 보여주면 거기에는 SF영화 같은 스피드 넘치는 영상이 비치면서 자신도 모르게 흥분하기도 한다!

프로모션 영상을 촬영할 때도 숙련된 파일럿이 박력 만점의 비행을 시연하는 등, 흥미진진한 하루였다. 주최자와 참가자가 하나가 되어 만들어가는 이벤트. 일본 드론의 FPV 레이스 문화 최전선을 달리는, 획기적인 시도가 될 것이다!

15:00
삼림 코스 촬영

평지보다 난이도가 높은 삼림 코스에서의 촬영. 회수를 거듭할 때마다 비행이 부드러워지면서 박력이 더해 갔다!

충돌도 애교~

16:00
본선 참가자도 준비에 만전

테스트 비행과 촬영이 끝난 뒤 각자 프리 비행으로 기량을 정비한다. 파일럿끼리 사용하는 기자재의 정보를 교환하기도.

취재처 / 드론 임팩트 챌린지 실행위원회

드론의 미래

현재의 드론은 주로 취미나 항공촬영 기자재로 인기를 끌고 있지만 실은 폭넓은 산업분야에서 활약할 가능성을 내포하고 있다. 드론의 활용성을 추진하는 일반사단법인 일본UAS 산업진흥협의회(JUIDA) 사무국장인 구마다 도모유키씨에게 드론의 미래에 대해 들어보았다.

산업분야에서 주목할 만한 주(株)

「2015년은 『드론 원년』으로 불리면서 RC 취미나 항공촬영 기자재로 드론이 급격하게 주목을 모았던 해입니다」라며 구마다씨는 현 상태를 설명해 주었다.
「그런 가운데 드론을 건전하게 발전시켜 나가기 위해 2014년 7월에 JUIDA(Japan UAS Industrial Development Association)이 발족했습니다. 팬텀이나 AR드론 같이 획기적인 기체의 등장이나 추락사고 등과 같은 뉴스보도로 일반인의 인지도가 높아졌지만 앞으로 기대되는 것은 산업분야에서의 활약이라 하겠습니다」.

드론에 관한 심포지엄이나 위원회 모습. 참가자 수에서 많은 사람들이 드론에 대한 관심을 갖고 있다는 것을 알 수 있다.

드론에 기대되는 것

구체적으로 어떤 역할이 기대되느냐면 「항공촬영 기능을 살린 분야라면 『측량』『재해가 났을 때의 피해상황 확인』『구조물 점검』 같은 현장에서의 획기적인 활약입니다」.
이미 드론을 도입하고 있는 곳이 측량 현장. 상공에서 사진을 촬영하는 것만으로 3차원 지도의 작성(스테레오 촬영)이나 토사량 계산 등의 기술이 드론의 편리성과 결합되면서 지금까지 1개월 정도 걸렸던 작업시기가 며칠 정도로 단축된 실적도 있다고 한다.
「기본적으로는 사람이 하기 힘든 3D 분야에

드론 실용화 프로젝트

취미분야에서 시작해 모든 물류산업을 커버하려는 드론. JUIDA가 지향하는 실용화를 향상 단계

← STEP1 →
오락・항공촬영

팬텀, 인스파이어 등의 고성능 기체부터 10만원대 취미용 모델 같은 폭넓은 기체가 비행이나 항공촬영을 목적으로 한 RC애호가를 중심으로 인기를 집중.

← STEP2 →
관측・감시

항공촬영 카메라나 기체의 성능향상에 따라 야생동물의 생태관찰, 발전소 감시 같이 사람 눈이 미치기 어려운 장소에서의 활용이 기대.

← STEP3 →
감시・관리

항공촬영 이외의 기능을 탑재해 상황판단, 대상의 추격 등이 가능해진다. 철야경비・감시업무에서 인간을 대행.

← STEP4 →
물류・운송

기체의 배터리 성능, 적재 가능량이 대폭 향상. 통신판매 상품의 수송이나 긴급상황에서의 지원물자 운반 같은 물류・운송 분야에서의 활약이 시작.

~2014 → 2015-16 → 2017-18 → 2019~

서의 활용을 예상하고 있습니다. 다음으로 드론의 실용화가 기대되는 곳이 감시, 관리, 물류 같은 분야입니다. 여기서도 『유적조사』나 『재해를 입은 지역으로의 긴급물자수송』같이 사람 손으로 하기에는 너무 힘들고 긴박하거나 위험이 따를 가능성이 있는 작업이 많이 있습니다」.

현장에서 작업하는 사람의 안전을 지키기 위해 실용화가 기대되는 것이 재해현장이나 노후화된 구조물(교량 등) 같이 위험한 장소에서의 확인조사. 드론을 띄우면 통행정지를 하고 특수차량을 출동시키거나 할 필요 없이 신속하게 확인작업을 할 수 있는 것도 장점.

게다가 미래로 눈을 돌리면 구글이나 페이스북 같은 해외 대기업이 드론 개발에 착수한 계기가 된, 통신분야에서의 진출도 들 수 있다. 솔라 패널을 탑재해 7~8년 비행이 가능한 드론을 성층권에 띄워놓고 통신기지로 이용한다는 구글의 계획은 만약 실현이 된다면 전 세계 어떤 장소에서도 인터넷 통신을 이용하는 것이 가능하다고 한다.

「이러한 다방면에 걸친 가능성으로 보건데 드론의 발전은 『항공 산업의 혁명』이라고 할 수 있겠죠. 그런 만큼 발전에 뒤처지면 일본의 산업활성화도 늦어질 우려가 있습니다. 그렇게 되지 않도록 JUIDA에서는 민간, 정부, 연구기관과 힘을 합쳐 드론의 연구・개발・산업진흥에 노력하고 있습니다」.

드론의 미래

드론과의 안전한 공존을 위해

건전한 드론 산업발전을 위해서 현장에서의 실용화 전에 몇 가지 과제를 해소할 필요가 있다고 구마다씨는 말하다.

「대원칙은 『안전을 확보해 제3자의 신체·생명·재산을 훼손하지 않아야 한다』는 것입니다. 현재의 법규제로는 드론을 띄울 때 고도규제 외에 장소에 대한 소유자의 허가(공도인 경우는 경찰의 허가)기 필요하기 때문에 자유롭게 띄울 수 있는 장소가 거의 없습니다. 심지어 지금 국회에서 성립이 진행 중인 개정항공법에서는 주간이 아니면 띄워서는 안 되고, 시야 범위 내에서만 뛰어야 하고, 인구밀집지역에서는 띄워서는 안 되는 식의 각종 규제가 들어 있습니다. 그렇게 되면 업무에서의 실용이 어려워지고 드론산업의 발전을 저해하는 원인이 될 수 있습니다」.

그 때문에 JUIDA에서는 드론이 활약하는 장소가 넓어지도록 가이드라인 작성, 조종자에 대한 라이선스 발행 같은 대책을 생각하고 있다.

또한 드론의 발전을 위해 필요한 것은 사용환경의 법적 정비뿐만이 아니다. 2015년 5월에는 쓰쿠바시에 JUIDA의 시험비행장이 개설되었다.

「여기서는 개발기 테스트 비행이나 조종자에 대한 트레이닝을 할 수 있습니다. 우수한 모델 개발과 능숙한 조종자를 육성함으로서 드론을 다루는 현장이 건전하게 발전해 나갈 것입니다」.

신설된 『물류 비행로봇 쓰쿠바 연구소』의 시험비행장에서 테스트 비행을 하는 모습.

키워드는 「인재육성」

건전한 드론산업발전을 위한 큰 과제 가운데 하나로 지적 받는 것이 조종자에 대한 육성이라고 한다.

「GPS를 사용한 오토 플라이트 시스템 등에 의해 조종이 간단해졌다고는 하지만 어떤 상황이 벌어졌을 때 대처하는 것인 인간이기 때문에 비행기술을 숙련한 조종자의 존재를 필수적입니다. 최근에 지탄을 받고 있는 사건도 조종자의 기술이 미숙해서 일어난 문제입니다. 컨트롤에서 벗어난 드론이 아무도 없는 곳에 떨어지면 상관없지만 사람이나 타인 소유물 위로 떨어져 위해를 가하거나 하면 사건이 되어 버립니다. 그런 트러블을 미연에 방지하기 위해서는 어떤 트러블이 일어났을 때 매뉴얼 조종으로 대체하거나 안전한 장소에 떨어뜨리는 식의 대처가 가능한, 정확한 기술과 지식을 갖춘 조종자를 길러내는 것이 급선무라 할 것입니다」.

조종자 육성을 위한 구체적인 대책도 이미 나와 있다. 그것이 업무적으로 드론을 사용하는 사람에 대한 JUIDA 인정 라이선스 설정과 라이선스를 취득하기 위한 공인 스쿨의 설립이다.

「이 인정 라이선스를 갖고 있으면 나라나 기업으로부터의 작업을 적절한 가격으로 받아들이는 식의 제도를 확립해 나감으로서 드론을 사용하는 사람과 현장의 안전을 지켜나갈 예정입니다. 여하튼 『프로 드론 파일럿』이라는 직업이 현재 상황으로 인식되는 것이 이상적이라 하겠죠」.

지금은 아직 드론이 대체적으로 미지의 분야로 취급되는 경우도 많지만 일회성 붐이 아니라 문화적인 수준까지 키워나갈 수 있다면 우리들의 미래에 편리함과 풍부함을 가져다주는데 이바지할 것이다.

취재협조 / 일반사단법인 일본UAS산업진흥협의회(JUIDA)

여러 가지 질문을 모아 정리해 보았다.

드론 Q & A

드론을 다루면서 갖게 되는 질문부터 곤란해졌을 때의 대처방법까지 Q&A로 소개. 일본의 RC 업계에서 취미용 드론을 개척해 온 하이텍 멀티플렉스 저팬의 도움을 받았다.

Q 보통으로 놀고 있었는데 갑자기 똑바로 날지 않게 되었다. 고장일까?

A 실내 바람과 모터의 이물질을 확인해 보기 바란다.

실내에서는 먼저 에어컨이나 환풍기 등의 바람을 받지 않는지 확인해 본다. 특히 소형 기체는 무게가 가볍기 때문에 약한 바람이라도 의외로 크게 영향을 받는다. 야외인 경우도 조종자와 기체의 높이에서는 바람 강도가 다르기 때문에 주의가 필요하다. 바람의 영향이 없을 때는 로터가 손상되었을 가능성도 있다. 로터는 사용할수록 노화되기 때문에 고장이 났을 때는 교환하도록 한다.

Q 작은 기체와 큰 기체, 어느 쪽이 조작하기 쉽나?

A 큰 드론 쪽이 안정적이다.

조작방법은 차이가 없지만 기본적으로는 기체 크기가 큰 쪽이 보기도 쉽고 모터도 크기 때문에 파워에 여유가 있어서 조종이 쉬운 편이다. 소형 기체는 파워는 뒤지지만 집안 등과 같이 약간의 공간만 있어도 손쉽게 띄울 수 있다는 장점이 있다. 비행환경에 맞게 드론을 고르면 될 것이다.

Q 기체 메인터넌스는 얼마 정도의 빈도로 해야 하나?

A 10회 비행을 기준으로 삼기 바란다.

중급자용 드론까지는 그다지 신경 쓸 필요가 없지만 10회 정도 비행을 했다면 기체 청소와 나사가 풀렸는지 등을 체크하기 바란다. 특히 모터 주변의 이물질을 제거하면 뜻밖의 트러블을 사전에 방지할 수 있다. 다만 추락했을 때는 다음 비행 전에 반드시 확인하도록 한다.

Q 로터를 교환했는데 뜨지를 않는다…

A 로터 방향을 확인해 볼 것.

로터에는 회전방향이 다른 2종류가 있다. 교환할 때는 반드시 방향을 확인하고 하나씩 분리한 다음 장착해 주기 바란다.

Q 배터리가 조금 부풀어 있다.

A 바로 사용을 멈추도록 한다!

배터리가 파손될 징후이다. 그대로 계속해서 사용하면 파열될 가능성이 있다. 바로 사용을 멈추고 리튬폴리머 배터리를 폐기하는 전문점이나 구입한 양판점과 상담하기 바란다. 또한 충전기에 끼워도 충전이 안 되는 경우는 배터리 노화나 과방전에 의한 파손 가능성이 있다.

Q 완전히 잃어버렸을 경우 어떻게 해야 하나?

A 비행장소 관리자한테 연락해 보것.

탁 트인 장소나 전용 비행장인 경우는 주변 사람에게 물어봐서 찾는 경우도 있지만 공공장소 등에서 추락했을 경우는 그곳의 관리자에게 연락해 보기 바란다. 대형 드론인 경우는 제3자에게 피해를 줄 가능성도 있으므로 근처 파출소나 경찰서에 연락이나 확인을 해 두는 것도 좋다.

Q 취미용 드론은 지금부터 어떻게 진화해 나갈까?

A 더 간단하게, 더 전문적으로, 선택 폭이 넓어갈 것이다.

더 안정성이 높고, 비행이나 항공촬영을 하기 쉬운 기체가 늘어날 것으로 예상된다. 그와 동시에 해외에서 인기를 모으고 있는 「드론 레이스」등에 특화된, 다이내믹한 조작이 가능한 기체도 등장할지 모르겠다. 유저층이나 선택폭은 더 넓어질 것이다.

159

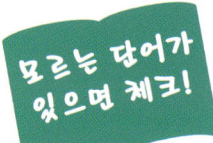

드론 용어사전

드론 초보자한테 조금 어려운 전문용어를 정리 & 해설.
이 책을 읽으면서 모르는 단어가 나왔을 때 참고해 주기 바란다.

4K	FHD 4배의 고해상도 동영상 규격, 4K UHD(4K Ultra High Definition).
Ah(암페어 아우어)	배터리 용량을 「전류(A)×시간(h)」로 나타낸 단위.
ESC	Electronic Speed Controller의 약칭. 모터에 전기를 흘리는 시간을 조정해 로터의 회전속도를 제어하는 전자회로.
FPV	First-person View의 약칭. 드론에 탑재된 카메라의 영상을 실시간으로 보면서 비행·촬영하는 것.
GPS	전체 지구측위 시스템(Global Positioning System)의 약칭. 위성을 이용해 현재 위치를 측정하는 시스템.
H.264	동영상 압축규격 가운데 하나. 높은 압축률을 통해 동영상의 기록·송신에 폭넓게 사용되며, 드론의 카메라 동영상 기록방식으로도 사용되고 있다.
HD	고정밀도 비디오(High Definition video)의 약칭. 1280×720을 HD, 1920×1080을 FHD(Full High Definition video)라 부른다.
MOV	애플사가 개발한 동영상 파일 형식. 일부 카메라에서 사용되고 있다.
MP4	일반적으로 사용되는 국제표준규격의 동영상 파일 형식.
RTF	Ready to Fly의 약칭. 비행에 필요한 기자재가 다 갖춰진 세트를 가리킨다.
Wi-Fi	무선 LAN의 통일 규격. 드론은 카메라 이미지 전송에 사용되고있다.
에일러론	좌우이동 조작. 모드1은 우스틱의 좌우조작으로 이루어진다.
엘리베이터	전진/후진 조작. 모드1은 좌스틱의 상하조작으로 이루어진다.
가속도센서	물체의 속도, 이동방향을 계측해 기체를 제어하는 센서. XYZ 3방향 축이 있다. 각 축의 자이로센서와 합쳐 6축 센서로 부른다.
화소수	디스플레이 등에 표시되는 정지화면이나 동영상의 총 픽셀 수.
기압(고도)센서	기압을 감지해 기체 고도를 판단하는 센서.
기술기준적합 인정증	전파를 발산하는 기기를 일본에서 사용할 때 필요한 등록증명. 인정을 받은 기기에는 기적(技適)마크가 표시되어 있다.
캘리브레이션	센서나 기기가 올바로 계측·표시하도록 하는 교정작업.
혼신(混信)	동일 주파수 또는 주변 주파수의 전파가 섞여 정상적으로 통신이 안 되는 것.
콤파스(지구자기 센서)	지구자기를 검출해 방위를 계측하는 센서.

자이로센서	물체 각도나 회전방향을 감지하는 센서. 회전축은 XYZ 3개가 있다.
주파수대	전파를 이용할 때, 용도에 따라 할당되는 대역. 일본국내의 드론은 Wi-Fi와 똑같은 2.4GHz 주파수를 사용하고 있다.
짐벌	기체의 움직임이나 경사에 상관없이 카메라를 수평으로 유지해 주는 장치.
스로틀	상승/하강 조작. 모드1은 우스틱의 상하조작으로 이루어진다.
채널, 채널수	채널이란 전파 하나의 통신로. 채널수는 한 개의 조정기로 제어할 수 있는 채널수로서, 많을수록 여러 가지 동작이나 기자재를 제어할 수 있다.
초음파센서	초음파로 대상물과의 거리를 측정하는 센서. 지면과 적당한 거리를 유지하거나 충돌을 피하는데 도움이 된다.
틸트	상하방향의 기울기. 카메라의 각도를 상하방향으로 바꾸는 동작.
트림	조향의 중립위치가 실제와 차이가 있을 경우 현실에 맞춰 조정하는 것.
드론	무인항공기. 원래는 그 날개소리 때문에 「수벌」을 지칭.
노콘	노 컨트롤의 약칭. 기체를 제어하지 못하게 되는 것.
헐(Hull)	로터가 외부와 접촉하는 것을 막는 가드. 로터가드.
브러시리스 모터	전자회로를 사용해 전기적으로 전류를 바꿔줌으로서 회전하는 모터. 메인터넌스 수고가 적고 회전속도의 안정성, 고출력이 특징.
플립	공중회전 조작.
PCS	프로포셔널 컨트롤 시스템(비례제어 시스템)의 약칭. RC세계에서는 조정기를 가리킨다.
페이로드(Payload)	기체에 탑재할 수 있는 기자재의 무게. 적재량.
호버링	스로틀을 조정해 기체를 공중에서 정지시킨 상태로 유지하는 것. 제자리비행
멀티콥터	복수의 로터를 가진 헬리콥터형 기체. 일반적으로 드론으로 불린다.
모드	조정기의 동작설정 차이. 나라에 따라 다르며 모드1과 모드2가 있다.
러더	좌우선회 조작. 모드1은 좌스틱의 좌우조작으로 이루어진다.
리턴 투 홈	GPS를 이용한 자동복귀기능.
리포 배터리	리튬폴리머(Li-Po) 배터리의 약칭.
로스트	비행 중에 드론 본체를 잃어버려 분실하는 것.

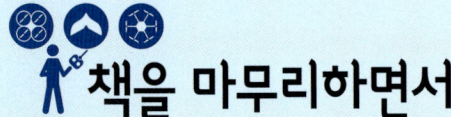
책을 마무리하면서

「선택정보 • 조종기법 • 공중촬영까지! **날아라 드론** 취미편」 어떤 느낌이었나요?

서서히 능숙해지는 과정도 즐겁게 하다보면 오랫동안 할 수 있으니까 꾸준히 연습해 자유롭게 날릴 수 있을 때까지 파이팅!!

드론의 항공촬영은 평소 촬영하지 못하는 앵글부터 촬영하는 것이 가능하다.
지금까지 본 적이 없는 그림을 동영상으로 남길 수 있으므로 다양한 피사체를 촬영해 보도록 하자.

그러는 중에 안전을 우선하는 것은 잊지 않도록 바란다.
「이런 환경에서 추락하면 어떻게 될까…」하고
리스크도 감안해 보고 절대 무리하지 않도록 해야 한다.
또한 평소에 점검·메인터넌스를 해주는 것이 상급자라고 할 수 있다.

무엇보다 중요한 것은 초보자일 때의 기분을 잊지 않고 계속하는 것이다.
누구나가 지나가는 초보자일 때의 길은 당신이 언제든 돌아봐야 할 길이기도 하다.
상급자로서의 시선이 아니라 친근한 목소리로 서로가 즐길 수 있는 길을 찾아가도록 하자.

나는 같은 취미를 즐기는 사람이라면 누구라도 언젠가 같이 날려보면 좋겠다고 생각하곤 한다.
어디선가 마주치면 언제든지 말 붙여 주길 기대하고 있겠다.

다카하시 도오루

선택정보·조종기법·공중촬영
날아라, 드론 취미편

초판 1쇄 인쇄 | 2016년 3월 5일
초판 1쇄 발행 | 2016년 3월 12일

감　　수 | 박장환
감　　수 | 다카하시 도오루
번　　역 | 최영원
펴낸이 | 김길현
진　　행 | 김한일
편집·디자인 | 김한일, 박재윤
공급관리 | 오민석, 김경아, 연주민
온라인마케팅 | 안재명
오프라인마케팅 | 우병춘, 강승구

펴낸곳 | 골든벨
등　　록 | 제3-132호(87.12.11)
주　　소 | 서울시 용산구 원효로 245(원효로 1가 53-1)
전　　화 | 02-713-4135 팩스 | 02-718-5510
정　　가 | 15,000원
ISBN | ISBN 979-11-5806-093-0
　　　　ISBN 979-11-5806-092-3(세트)
홈페이지 | www.gbbook.co.kr

TOBU! TORU! DRONE NO KONYU TO SOJYU supervised by Toru Takahashi
Copyright © 2015 Toru Takahashi
All rights reserved.
Original Japanese edition published by Gijutsu-Hyoron Co., Ltd., Tokyo
This Korean language edition published by arrangement with Gijutsu-Hyoron Co., Ltd., Tokyo
in care of Tuttle-Mori Agency, Inc., Tokyo through Botong Agency, Seoul
Korean translation copyrights © 2016 Golden-Bell Publishing Co.

이 책의 한국어판 저작권은 Botong Agency를 통한 저작권자와의 독점 계약으로 도서출판 골든벨에 있습니다.
신 저작권법에 의해 한국 내에서 보호를 받는 저작물이므로 무단전재와 무단복제를 금합니다.